手绘新编自然灾害防范百科
ShouHuiXinBianZiRanZaiHaiFangFanBaiKe

雪暴防范百科

谢　宇　**主编**

西安电子科技大学出版社

内 容 简 介

　　本书是国内迄今为止较为全面的介绍雪暴识别防范与自救互救的普及性图文书，主要内容包含认识雪暴、雪暴的预防、雪暴发生时的防范和救助技巧等。本书内容翔实，全面系统，观点新颖，趣味性、可操作性强，既适合广大青少年课外阅读，也可作为教师的参考资料，相信通过本书的阅读，读者朋友可以更加深入地了解和更加轻松地掌握雪暴的防范与自救知识。

图书在版编目（CIP）数据

雪暴防范百科 ／ 谢宇主编. -- 西安：西安电子科

技大学出版社，2013.8

ISBN 978-7-5606-3192-9

Ⅰ．①雪… Ⅱ．①谢… Ⅲ．①雪暴－普及读物 Ⅳ.

① P426.63-49

中国版本图书馆CIP数据核字（2013）第205519号

策　　划　罗建锋

责任编辑　马武装

出版发行　西安电子科技大学出版社（西安市太白南路2号）

电　　话　(029)88242885　88201467　　邮　　编　710071

网　　址　www.xduph.com　　　　　　电子邮箱　xdupfxb001@163.com

经　　销　新华书店

印刷单位　北京阳光彩色印刷有限公司

版　　次　2013年10月第1版　　2013年10月第1次印刷

开　　本　230毫米×160毫米　　1/16　印　张　12

字　　数　220千字

印　　数　1～5000册

定　　价　29.80元

ISBN 978-7-5606-3192-9

如有印装问题可调换

本社图书封面为激光防伪覆膜，谨防盗版。

前言 preface

　　自然灾害是人类与自然界长期共存的一种表现形式，它不以人的意志为转移、无时不在、无处不在，迄今为止，人类还没有能力去改变和阻止它的发生。短短五年时间，四川先后经历了"汶川""雅安"两次地震。自然灾害给人们留下了不可磨灭的创伤，让人们承受了失去亲人和失去家园的双重打击，也对人的心理造成不可估量的伤害。

　　灾难是无情的，但面对无情的灾难，我们并不是束手无策，在自然灾难多发区，向国民普及防灾减灾教育，预先建立紧急灾难求助与救援沟通程序系统，是减小自然灾难伤亡和损失的最佳方法。

　　为了向大家普及有关地震、海啸、洪水、风灾、火灾、雪暴、滑坡和崩塌，以及泥石流等自然灾害的科学知识以及预防与自救方法，编者特在原《自然灾害自救科普馆》系列丛书（西安地图出版社，2009年10月版）的基础上重新进行了编写，将原书中专业性、理论性较强的内容进行了删减，增加了大量实用性强、趣味性高、可操作性强的内容，并且给整套丛书配上了与书稿内容密切相关的大量彩色插图，还新增了近年发生的灾害实例与最新的预防与自救方法，以帮助大家在面对灾害时，能够从容自救与互救。

　　本丛书以介绍自然灾害的基本常识及预防与自救方法为主要线索，意在通过简单通俗的语言向大家介绍多种常见的自然灾害，告诉人们自然灾害虽然来势凶猛、可怕，但是只要充分认识自然界，认识各种自然灾害，了解它们的特点、成因及主要危害，学习一些灾害应急预防措施与自救常识，我们就可以从容面对灾害，并在灾害来临时成功逃生和避难。

每本书分认识自然灾害，自然灾害的预防，自然灾害的自救和互救等部分。通过多个灾害实例，叙述了每种自然灾害，如地震、海啸、洪涝、泥石流、滑坡、火灾、风灾、雪灾等的特点、成因和对人类及社会的危害；然后通过描述各灾害发生的前兆，介绍了这些自然灾害的预防措施，并针对各种灾害介绍了简单实用的自救及互救方法，最后对人们灾害创伤后的心理应激反应做了一定的分析，介绍了有关心理干预的常识。

希望本书能让更多的人了解生活中的自然灾害，并具有一定的灾害预判力和面对灾害时的应对能力，成功自救和互救。另外希望能够引起更多的人来关心和关注我国防灾减灾及灾害应急救助工作，促进我国防灾事业的建设和发展。

《手绘新编自然灾害防范百科》系列丛书可供社会各界人士阅读，并给予大家一些防灾减灾知识方面的参考。编者真心希望有更多的读者朋友能够利用闲暇时间多读一读关于自然灾害发生的危急时刻如何避险与自救的图书，或许有一天它将帮助您及时发现险情，找到逃生之路。我们无法改变和拯救世界，至少要学会保护和拯救自己！

编者

2013年6月于北京

目录 Contents

一、认识雪灾

千百年来，雪的美丽让人心醉不已。每年冬天，大雪如期而至，给庄稼穿上厚厚的棉衣，不光预示着来年的丰收，还给大地换上了美丽的银装，让世界变得更加美丽。但是，如果发生持续降雪的现象，大地就会被封冻，积雪崩落还会给生灵带来危害。

积雪

雪暴防范百科

XueBaoFangFanBaiKe

雪灾也称为白灾，是因为长时间大量降雪，最终造成大范围积雪成灾的自然现象。高强度、大范围的降雪，会对包括城市在内的广大地区造成危害。

牧区

雪灾是中国牧区经常发生的一种畜牧气象灾害，主要是指依靠天然草场放牧的畜牧业地区，由于冬半年（9月～次年2月）降雪量过大造成积雪过厚，雪层维持时间比较长，影响了人们农业生产和正常生活的一种灾害。根据我国雪灾的形成条件、表现形式和分布范围，人们习惯上将雪灾分为三种类型：牧区雪灾；雪崩；风吹雪灾害。

几乎所有的中国人都忘不了2008年的大雪灾。贵阳凝冻再现冰瀑奇观，京珠高速公路韶关段冰雪灾情严重，旅客乘坐大巴因雪灾在路上被堵了十天十夜……

冰天雪地的险恶气候环境让无数正准备驾车、乘车返家的人们几近崩溃：高速车祸、车辆损坏、堵车，一幕幕让人记忆犹新。

冰瀑

2008年，人们企盼已久的奥运之年，却变成了"暴雪灾年"，这次雪灾呈现出哪些特点呢？降雪量大；降雪范围广；持续时间长；主要降雪影响地区偏南；降雪带来的灾害性严重。

皑皑白雪覆盖了南方的土地。城市中的自来水管因为寒冷而结冰，日常用水严重匮乏。输电铁塔被积在支架上的冰凌压塌，许多城市的电力供应被切断，城市一片漆黑。铁路、高速公路、飞机场上都结起了厚厚的冰层，交通工具无法正常运行。这场大雪灾造成河南、江西、安徽、湖南等14个省份7786多万人受灾，死亡24人。

面对着皑皑白雪所带来的灾害，除了保持镇定，学习预防雪灾的知识，还要掌握应急自救的本领。

皑皑白雪覆盖了南方的土地

（一）雪暴概述

1.春季雪暴

3月份是春季雪暴的多发月份。新英格兰和美国中西部地区分别在1888年3月11～14日和1978年3月9日发生了雪暴，达到1.016米平均降雪量。新英格兰与纽约州部分地区因为这些雪暴的发生，使得400多人丧生。2003年3月8～20日，科罗拉多遭到雪暴的袭击、横扫，深2米的积雪量从山上倾倒，使得杰斐逊和玻尔得两县的部分地区受到波及，达到1.5～1.8米的积雪量。

　　1993年，发生了一场现代最为严重的雪暴，被人们称为"93雪暴"或"1993年3月超级暴风雪"。3月12日早晨，墨西哥湾出现了一小块低气压带，这是这场雪暴产生的原因。如果低气压的持续时间比较短暂，那么一场灾害可能会就此夭折，但是，从加拿大吹来一股南向急流，加强了低气压，造成异常严峻的形势。而且，在3月12日的下午和晚上，中心气压持续下降，为这场雪暴的产生创造了有利的条件。

　　到了第二天早上，在路易斯安那海岸南部地区，低压转变成了大风暴，雨、雪和冰雹袭击了美国南部大部分地区。

春季雪暴

这场风暴还引发了雷暴、龙卷风，洪水侵袭了佛罗里达州锅柄状地区。3月13日下午，一路上程度不断加强的风暴继续北行，在当天晚上，到达了切萨皮克湾。此时，大雪和雪暴灾害已经侵袭了美国大西洋沿岸，不断

雪崩

移动的积雪，使得空中一片昏暗，有时甚至看不见东西。到了3月14日，加拿大东部已经被雪暴深深波及，但其强度也在不断减弱，稍晚的时候，雪暴终于消失不见，这真是不幸中的万幸了。

美国东部1/3的地区受到这次风暴的波及，造成交通中断、机场关闭、财产损失、人力损失，总计几十亿美元。大约有1亿人口受其严重影响，其中，有270人因此而丧生。

2010年2月8日，阿富汗北部帕尔万省萨朗山口发生雪崩，造成至少165人死亡，135人受伤；2月17日，巴基斯坦西北边境省北部戈希斯坦地区的一个村庄发生雪崩，造成至少19人死亡，20人下落不明；3月13日，加拿大西部不列颠哥伦比亚省东南部发生雪崩，导致至少3人死亡，多人受伤，还有多人失踪；3月17日，塔吉克斯坦首都杜尚别通往第二大城市苦盏的公路上发生了雪崩，导致至少8人死亡。

2011年3月26日，瑞士瓦莱州圣皮埃尔镇附近发生了雪

崩，一个有11名成员的雪地越野队遇险，其中有4人死亡，5人受伤，另外有1个人被埋在雪中，下落不明。

2012年，2月19日，美国华盛顿州的一个滑雪胜地附近发生了2场雪崩，共导致4人死亡；3月12日，阿富汗东部的努里斯坦省发生雪崩，导致至少45人死亡；3月19日，挪威北部发生雪崩，导致至少5人死亡。

2. 冬季雪暴

雪暴并不都发生在春季，隆冬季节也有可能出现。1888年1月12日，一场雪暴横扫了达科他、堪萨斯、蒙大拿、明尼苏达、内布拉斯加和得克萨斯州，在这场雪暴中，有235人遇难，其中，刚刚放学回家的孩子占了大部分，因此，它被称为"学生雪暴"。

1891年2月7日，雪暴天气连续几天在美国中部出现，大规模的伤亡状况因此而发生。1949年1月2日～2月22日，在这段时间内，犹他、怀俄明、南达科他、科罗拉多、内华达州和内布拉斯加被接二连三的雪暴灾害袭击，产生0.3～0.76米的降雪深度。积雪在时速为每小时116千米的狂风作用下，有些地方深度达到了9米。而且，此次灾害造成成千上万的牲畜死亡，不过，值得庆幸的是，没有造成人员伤亡。

1976～1977年冬天，洛基山脉东侧19个州的平均气温急剧下降，可谓是创历史最低水平。1月28日，进入紧急状态的有纽约、新泽西和俄亥俄州，被列为灾区的则是其他的几个

冬季雪暴

州。雪暴在几天前将五大湖流域的低地与俄亥俄山谷的上端侵袭后，又转向东移。尼亚加拉瀑布被冰层全部覆盖起来，遭受了极为严峻的考验，甚至马蹄铁瀑布的部分地区也遭到了冰层的覆盖。

1月28日，纽约州所属的布法罗市开始遭遇了风暴的侵袭，降雪达到1.75米，风速每小时达到121千米，这是该城市有史以来遭受的最为严峻的考验。风暴来临前的6周时间里，降雪情况每天都会出现，积雪因雪暴而增高了0.9米。布法罗在冬天即将结束时，达到了5米深的积雪。能见度在雪暴来临的时候为零，积雪深度在有些地区甚至达到了9米。数千人因为恶劣天气的突然来临而被困在工厂、商店和办公室里，也有很多人被困在回家的路上。交通堵塞长达4个小时，有5000辆轿车和卡车被遗弃在路上，救助者使用摩托雪橇给那些被困在汽车里的人送去食物和救援物资。风暴持续了5天，死亡

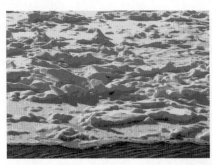
雪暴

29人，其中，被困在车中致死的就有9人。祸不单行，2月1日，又有100多人死于席卷美国东北各州的雪暴中。

2005年12月初，我国胶东半岛受到大到暴雪的袭击，烟台、威海两市在12日相继发布雪灾橙色和红色预警。其中，烟台市中心区遭受了1961年以来的最大降雪。威海市多条公路因积雪太深，而导致880多辆汽车、2000多人接连被困。

2006年1月初，新疆北部的阿勒泰地区普降大雪，沿山一带普降大到暴雪，导致当地大约30万头牲畜采食困难。暴雪持续了4天，市区的积雪达到40厘米，山区积雪则达到了70厘米。

2006年9月8日，内蒙古克什克腾旗遭受特大暴雪的袭击，上万只牛羊因此被冻死。

2007年1月19日，因受郑州等地大到暴雪天气的影响，导致部分由北京西站发出的列车晚点，3万多名旅客被迫滞留在北京西站里。

2007年10月19日至20日，黑龙江省牡丹江市的局部地区出现了强降雪天气。其辖区内的绥芬河市、穆棱市、林口县和东宁县等东部地区，降雪量达到大雪及暴雪的程度，部分地面积雪的厚度达到1米以上。根据当地气象部门的介绍，这次降雪对当地的交通和秋收、蔬菜大棚等都有较大影响。

2013年2月8日至9日，美国东北部人口稠密的新英格兰地区降雪量最高超过90厘米，最强风速为每小时132千米，多条道路无法通行。马萨诸塞州州长当天下午下命停止公共交通系统动行，要求任何交通工具不得上路，这是这一地区1978年以来首次颁发类似禁令。

3. 产生暴风雪的条件

（1）气团。

在冬季，北美受到三种气团的影响。极地气团覆盖了加拿大部分地区，此气团有着干燥、异常寒冷的特征，从极地高压区向南流动着干冷的空气。来自大西洋向西流动的温暖、潮湿气团覆盖了墨西哥湾、加勒比海、美国东南部。而太平洋气团则影响着这两个气团之间的区域、美国中部地带、西部沿海地区。

气团

（2）气压。

格林兰岛东部是低压地段，北极、美国中部、南加勒比海和加利福尼亚海区则是高压地段。在冬季，位于北美洲偏南地带的太平洋和加勒比

格陵兰岛

海高压区与夏季产生的影响相比，相差甚远。冬季，在太平洋大气层，不同类型的气团相互交插混合，会产生越过大陆向东移动的锋系。

（3）风力。

离开卡罗来纳海岸的低压区，给北美东部带来雪暴的天气系统常常就从这里开始发展的，其程度在发展过程中不断加强，随着旋转的风力加大，之后朝着北面移动，影响哈特勒斯角到加拿大新斯科舍省的沿海地带。风的流动方向受科里奥利效应的影响，为逆时针方向。风吹过大洋的时候，水蒸气被吸收了，随着东北风往东海岸刮去。这些风在低压向北移动时引发洪水，侵蚀海岸，它们到达新英格兰的时候就会产生雪和雪暴。

4. 欧洲雪暴

西欧的天气系统受大西洋的影响。冬季有许多低气压，飓风和雪在北部地区同时出现；在深远的内陆区，气候显得异常干燥，甚至西伯利亚雪量也非常少。通常冬季的相对湿度在85%以上，但是，由于气温很低，一点点水蒸气就可使大气饱和。气温为零下21℃时，大气88%的相对湿度等同于气温为15℃时，大气69%的相对湿度。

西伯利亚的冬季在绝大多数时候是令人心怀愉悦之感的。此时，一片澄澈的碧空显得十分平静，尽管天气寒冷，但积雪却能被明媚的阳光融化掉。当然，除了如此平静的一面之外，西伯利亚有时也会显出它暴戾的一面，即发生雪暴时。

产生雪暴的风在不同的地区有着不同的名字，在北部苔原带，它被称为"拨格风"。往南，在泰加群落，即针叶林地带的南部边界，则被称为"布冷风"。当低压区被极地大陆气团侵入时，大雪会随着从东北方向吹来的拨格风和布冷风降落，此时，天地间弥漫着风雪，风速很快就会在121千米／小时以上，即达到飓风风力，这是令人极为恐惧的危险性天气。

弗拉基米尔·米凯洛维奇·马克西姆·津济诺夫是俄国革命家，他曾被三次流放到西伯利亚。津济诺夫在北部荒原带的一次长途跋涉中遭遇了拨格风。他回忆说，在中午的时候，一阵微风开始吹拂起来，这可能是这次风暴的起点，下午一点的时候，雪开始从天空降落，稠密的降雪使得能见度

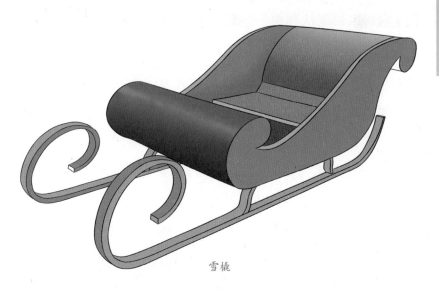

雪橇

降低，他只能看见拉雪橇的驯鹿的臀部，鹿角在哪里，他根本就不能看清。风速不断增加，当达到飓风的风力时，雪橇被劈劈啪啪的雪砸中，响起了非常大的声音。不时改变的风向，一会儿从左侧袭击过来，一会儿又从右侧袭击过来，一会儿从他的正面直扑他的脸颊，一会儿又从他的背后突然袭击过来，如果他不是勇敢而镇定地继续前进，而是跟跄着匍匐在地上，那么，他就不会存活到现在了，在几分钟之内，他就会被新下的雪掩埋。

雪暴在不同地区，发生频率也不同，但这并不能作为你所处的地方可能没有雪崩危险的依据，不管你的生活区域在哪里，都要时刻存有提防雪崩侵袭的观念。雪暴可能产生于任何有强风吹拂和降雪的地方，甚至热带的山区。英国有着温暖的气候，但是，苏格兰的雪暴每年都会让一些山中漫步者迷失方向、失去踪影，有时候，受困者被发现了，但是，由于救援人员无法赶到，还是会因为救援不及时而死亡。

对于可能产生雪暴的地区，人们常常就会有一种危机感，他们常常将准备工作做得极为充分，而且，对于如何预防和抵御雪暴侵袭，也有一定的了解。但是，对于那些雪暴不太可能会发生的地区，因为人们心存忽略或是不够重视的态度，一旦发生雪暴，就会造成极为惨重的损失。1973年2月，一直被认为不太可能会产生雪暴的乔治亚州和卡罗来纳州遭受这一灾害的侵袭，致使高速公路被切断，通信也被严重干扰，出现了极度混乱的现象，造成这一结果的主要原因

就是人们的忽略态度和经验不足。雪暴的产生地点不是固定的，不要说它与任何地方完全绝缘，对付它最好的办法就是掌握一定的雪暴知识，并做好充分的准备，随时准备迎战。

（二）雪的研究

1. 雪花的分类

雪花虽然美丽，但是非常脆弱，很容易受到破坏。如果不是处于零摄氏度的气温下，几秒之内就会融化。就连观察它的一束强光就能把它毁掉，这给研究雪花带来了一定的困难。

雪花

不过，遇到问题，总会找到解决问题的办法。

人们为了研究雪花，用普通的二氢化乙烯制成聚乙烯溶液稀薄溶液，用来捕获雪花和其他冰晶。溶液温度保持在零下$1℃ \sim 2℃$，在外面罩木板或者玻璃。下雪的时候，把这个外罩的盆子放在外面，用来收集雪花，然后将盆子连同收集到的雪花在室内放10分钟，这时候溶剂也在蒸发。10分钟后，它的温度与室温相同，雪花就开始融化。水蒸气通过盖着盘子的塑料薄膜散发出去，之后印迹被永远留下。

莱布尼茨曾经说过："世界上没有两片完全相同的树叶"。同样的道理，世界上也没有两片完全相同的雪花，但是，如果对无数的雪花进行仔细地研究，你就会发现雪花有好几种类型。这激起了科学家们研究的兴趣，因此，他们不断地寻找划分雪花的标准。1951年，雹块、雪花和其他冰形都采用国际划分标准。其中，把冰晶分为7种类型：（1）片状；（2）星状；（3）柱状；（4）车轮状；（5）针状；（6）多枝状雪晶；（7）不规则状冰晶。

片状雪花为六面，星状为六点冰晶，柱状和车轮状是长方形冰晶，但不同的是，车轮状每一侧都有一条状物，当两个或多个冰晶结合在一起时，车轮条状仍然保留。针状为尖形冰晶，也能结合在一起。多枝状冰晶像蕨类植物的叶片一样有很多枝伸出。不规则冰晶凝结在一起时形状更加不规则。

柱状

另外，国际标准还补充了软雹、雨夹雪和雹三个冰状降水符号，每一类都可划分得更细。可以说，这个国际化分标准，让科学家使用大家都能够理解的冰晶名称。学者中古宇吉郎在国际划分标准的基础上进一步发展，把雪花分为41种。1936年他把分类结果公布于众，1966年人们又对中古宇吉郎的分类进行了延展，雪花总类提高到80个。

现在科学家对水是怎样结冰的，小冰晶又是如何结合在一起形成雪花等一系列问题，有了一定的了解。

2. 雪花降落后的变化

雪降落后，就开始发生变化。即使天气很寒冷，明亮的阳光仍然可以融化外层的雪，但到了晚上会开始结冰，雪的表面会有一层透明的薄冰。

在积雪很深的地方，底层可能会发生某种变化。最初降落的雪花，有一部分冰晶升华了，产生的水蒸气会立刻结冰，并形成更大的冰晶，上面的雪层也是这样。白色的冰晶本身稠密，但是和最初的降雪结构相比，疏松一些，容易滑动。这样，雪停留在原地就很不稳定，容易出现雪崩现象。

3. 什么地方最容易降雪

在北半球的中纬度地区，夏季，太阳正午时分日照最强的时候大约在西南方向，所以，山的西南侧比处于阴面的东北部温暖。天气系统从西向东循环，因为西侧受天气的

悬崖峭壁

影响，接近山脉的空气要向上被迫攀升，所以这一侧的降水量最大。如果结合这些因素考虑，我们可以把这座山分为四个区域。

山的东部和南部有充足的阳光，不受天气的影响；西南和西北地区，完全受天气的影响，但阳光明媚；而处于东南和东北之间的地带既背阴，又不受天气的影响，所以气温比较低，气候比较干燥；西部和北部，背阴，但有一部分区域受天气的影响，所以最有可能降雪。

太阳

高山上，如果终年覆盖着积雪，常年积雪较低的界限叫做雪线。雪线以上的地区，一年中的任何时候都有可能出现雪崩，因为山区是狂风肆虐的地方。预测雪线不用遵守固定的法则，也没有这样的固定法则。从平均高度讲，热带地区雪线为5000米，南北纬45度为2400米，南北纬55度略高于1500米。每一块大陆，都有其海拔高度足以使雪线存在的山脉，赤道地区也有发生雪暴的可能。

（三）"白色妖魔"——雪崩

人类短跑的世界冠军，速度约为11米/秒；动物界的短跑冠军猎豹，速度约为30.5米/秒；12级的强大台风，速度为32.5米/秒。但是雪崩却能够达到97米/秒的惊人速度。

如此高速运动的雪崩，从高处狂奔呼啸而下，可想而知其破坏力有多大。我们都知道高速运动的物体本身就会产生强大的冲击力，自高处下落且高速运动的物体所产生的力道之大更是无法比拟。这同一颗子弹在瞬间致人于死地，一只小鸟能撞毁一驾飞机的道理是一样的。

运动速度越大的雪崩，其冲击力也就越大，有时候它能够让一个物体每平方米承受40～50吨的力量。试问这个

猎豹

世界上有哪种物体能够经受得住这样巨大的冲击力。即使是由繁茂、粗壮的树木组成的森林，遇到像理发推子一样的雪崩，也会瞬间倾倒，被一扫而光。

雪崩造成的灾害不仅仅是强大的冲击力造成的，有些时候即使没有和雪崩亲密接触，也可能受到惨重的破坏。这是由雪崩引起的气浪造成的。

雪崩气浪的形成也是缘于高速运动，因为雪崩的高速运动会引起空气剧烈的振荡，使强大的气浪形成于雪崩龙头前方。就好似原子弹爆炸时的冲击波，其力量同样惊人。例如1970年在秘鲁发生的一场大雪崩，它所引起的气浪将所经地

雪崩气浪

面上的碎石纷纷卷起，扬抛出去，使得附近地方遭受了一场"石雨"的袭击。

雪崩停止并不代表气浪也因此停止，它可以翻山越岭，摧毁森林、房屋及工程设施，车辆和人如果遇到它，那可要倒大霉了，车辆倾覆，人即使不被气浪冲走也会窒息而死。

若论起雪崩的形态，绝对没有如泥石流、洪水和地震那些灾难恶魔一样狰狞的面孔，雪崩的降临宛若神降，它的美也可以用形容它的冲击和破坏力一样的词来形容——惊人，远远望去好似一条白色的巨龙顺着强大的山风呼啸着腾云驾雾而来。

但是，就是这样美丽的"面孔"下隐藏的却是可以摧毁一切的恐怖。所以人们送了它一个形象的名字——"白色妖魔"。

雪崩的来临同战争一样，带给人们的都是无穷的灾难，甚至它比战争更为可怕，因为有时候人类的战争在它面前很微弱。从下面几个发生在阿尔卑斯山的故事就可以看出这一点。

在古代，迦太基帝国曾是非洲北部的一个著名国度，它与地中海北岸的罗马帝国发生过多次战争。公元前218年，迦太基帝国名将汉尼拔，统率步兵38000人，骑兵8000人和大象37头，绕道西班牙和法国，再次远征罗马帝国。在翻越积雪的阿尔卑斯山时，因为缺乏积雪和雪崩的相关知识，而损失惨重，雪崩吞噬了18000名兵士，2000匹战马，就连大个头的

拿破仑

非洲大象也没能逃过厄运。

到了近代，法国皇帝拿破仑学的聪明了，他在计划侵略意大利的同时，派出探子到阿尔卑斯山上去侦察。探子回来战战兢兢地说，"也许可以通过，但是……"。拿破仑立即阻止探子说下去："只要可能，便没有但是，马上向意大利进发！"于是在1796年，拿破仑亲自率领4万军队，排成30千米的长蛇队形，从西北向东南浩浩荡荡的开始横越积雪的阿尔卑斯山。尽管拿破仑比汉尼拔聪明，兵士事先也做了充分的准备，但还是被阿尔卑斯山的雪崩掩埋掉了近千人。

还有一次是第一次世界大战的时候，意大利和奥地利在阿尔卑斯山的特罗尔地区打仗，这次人们比拿破仑聪明多了，开始把雪崩变成了武器，双方经常用大炮有意轰击山坡上的积雪，来人工制造雪崩杀伤敌人。以至于双方死于雪崩的人数不少于4万人。后来有个奥地利军官在回忆

阿尔卑斯山

录里感叹地说，"冬天的阿尔卑斯山，是比意大利军队更危险的敌人。"

1. 恐怖的雪崩灾害

大量的冰和雪沿着陡峭的山坡快速下降的现象，称为雪崩。雪崩是令人恐怖的自然灾害之一，其速度非常可怕，可以达到每小时上百千米，也是能够造成致命影响的灾害之一。

雪崩的爆发很频繁，每年都会发生成百上千次，全世界每年因雪崩而死亡500多人。尽管如此，这种统计数字也只是涵盖了有人死亡的情况，因为大多数雪崩都发生在偏远的不毛之地，人迹罕至。

不同寻常的或特别异常的雪崩会给社会经济造成十分严重的影响。1998和1999年的冬天，欧洲50年一遇的大雪，导致了一系列大雪崩的爆发，摧毁了高山地区所有的度假胜地和村庄。200多人死亡，当地经济也受到了很大的影响，许多行业因此一蹶不振。

2006年4月19日至20日，吉林省延边朝鲜族自治州遭到历史最大暴雪的袭击，该州首府延吉市的地面积雪平均厚度超过了20厘米。全州8个县市的36个乡镇因此受灾，3万多居民饱受暴雪之苦。在这次雪灾中，共倒塌、损坏大棚7700多个，面积达到105万平方米，倒塌、损坏民房共20户58间，死亡牲畜62头，经济损失达到1100万元人民币。

雪暴防范百科

Xue-Bao-Fang-Fan-Bai-Ke

2007年3月初，辽宁遭到了50年不遇暴风雪的袭击。鞍山市遭受了有史以来最大暴雪的袭击，全市交通瘫痪，市民出行艰难。气象部门对沈阳3月4日凌晨至5日凌晨的暴雪进行了评估，认定其为一级暴雪灾害，属最严重级别。2010年2月10日，阿富汗北部交通要道萨朗山口多次雪崩，以吨计冰雪随20多次雪崩倾斜到萨朗山口，堵住道路，埋没了数以百计的过往车辆，造成至少165人死亡，135人受伤。

根据生成条件的不同，雪崩可以分为："自然雪崩"和"人为休闲雪崩"。

其中，"自然雪崩"产生于极端的气候条件之下。比如，降雪量非常大的时候，雪没有很密实的压紧，只是松散地堆积在陡峭的山坡上——这是雪崩产生的最佳条件。

"人为休闲雪崩"则是最常见的一种形式。滑雪者、徒步旅行者或其他冬季运动爱好者在雪后山中任何微小的动作都有可能引发雪崩，把自己及周围其他人全都活埋在雪里。这是一种致命的灾害。如果被困在雪下半个小时还无法得到及时的救助，则多半无法生还。尤其是在工业化国家的人口稠密的山区地带，"人为休闲雪崩"造成每年平均约有220人死亡。

在雪崩多发区，我们可以根据雪崩的种类来制定防灾的措施计划，还要评估对于人类和资源会造成的影响。为了减轻雪崩造成的潜在影响，最重要的防护措施是躲避。比如，不要将房屋或设施建筑在雪崩较易出现或发生时可能经过的地区，也不要在雪崩多发季节在雪崩多发地区进行各种娱乐探险活动，这是减少雪崩灾害影响的重要防范前提。

如果冬天或春天降雪非常大的时候，在山中居住、度假或者旅游是非常危险的，要迅速离开，到安全的地方去。我们需要宣传好各项防范安全知识，使游客对雪崩的危险性更加了解，以便及时做好防范应对措施。现在雪崩预警技术已经发展成熟，结合相关气象数据和网络预测系统，可进行专门的预测雪崩多发地区的潜在影响研究。在很多发达国家，专业的电台和互联网络都定期发布雪崩警报，为人们的雪天活动或出行提供最新最科学的理论数据，也会在雪崩地区张贴有关雪崩危险程度和强度的国际标准警报通知。

2. 雪崩的种类

雪崩是高寒的山岭区域内较为常见的严重自然灾害之一，它造成的灾难通常具有毁灭性。那么，雪崩通常有哪几种形式呢？

（1）松软的雪片崩落。

在背风斜坡上降落的雪，会给人以一种很硬实和安全的感觉，恰恰相反，与山脚下的雪相比，其堆积情况疏松，不够紧实，而且，还会有缝隙缺口在斜坡背后形成。只要有细微的干扰，就会造成雪片崩落。

（2）坚固的雪片崩落。

这种情况通常是受强劲的风力和猛然降低的温度的影响

而形成，它坚固的表面常常是带着欺骗性的，人走在上面，有时会有隆隆的响声。但是，如果遭遇到爬山者或者滑雪者的运动冲击，就会使得大量危险的冰块或整个雪块崩落，引发雪崩。

（3）空降雪崩。

在干燥而严寒的环境中，坚固的冰面上如果被持续不断新下的雪覆盖，就可能引发雪片崩落。这些粉状雪片的下落速度极快，可达90米/秒。如果遭遇到这样的雪崩，想要争取生存机会，就要将自己的口眼闭好，不要被雪覆盖，否则，就会引起窒息而死亡。

滑雪者

（4）湿雪崩。

在冰雪融化期间，发生雪崩的情况较频繁。不论是在春天，还是在冬天，大雪过后，温度就会持续不断地快速上升，而原有的冰雪，因其密度小，新下的潮湿的雪层难以吸附其上，就会慢慢往下倾泻，它的下滑速度很慢，比空降雪崩还慢，沿途的岩石和树木会被卷起来，产生更大的雪砾。当它停下来时，几乎立即就凝固起来，使抢救工作难以进行。

3. 不容忽视的雪崩灾害

雪崩具有一定的能量、固有的特性和相当的体积，它能够破坏建筑物，造成财产损失和人员伤亡。但在绝对规模上，雪崩造成的死亡和破坏与地震、洪水等灾害相比，似乎不太重要，因为无论从受灾范围，还是其危害程度，都难以"望其项背"。大多数雪崩都只能对自然环境产生影响，特别是植被和森林，唯有其中一小部分会危害到人类的生命安全及财产损失。

瑞士阿尔卑斯山区人口稠密、发展迅猛，30%雪崩路径威胁各类设施；美国山区人口稀疏、不甚发达，雪崩威胁着大约10%的路径；在加拿大的西部地区，每年产生数十万起足以破坏小建筑物的雪崩。其中，建筑地点和运输线路受所产生的雪崩中的百分之几的威胁。它们潜在地威胁着行人和滑雪者的安全。受雪崩威胁的有矿区公路、25条林区、42条国道以及所有重要铁路。另外，存在雪崩危险的还有25个滑雪场，在严重雪崩危险地区运作的有履带雪车滑雪公司和22个直升飞机。不列颠哥伦比亚省的道路和公路受雪崩危害，所有重要铁路遭到雪崩的威胁，这些雪崩问题约占加拿大的80%以上。

大多数人一生都不会遭遇雪崩，对其产生的危害也知之甚少，但是，对于雪崩灾害，人们却不应该存有忽视的态度，而对某些雪崩常发区的人来说，更是如此。1679年，挪威发生雪崩，造成400~500人死亡，1755年发生的雪崩，造

直升飞机

成200人死亡。1871～1970年，在这100年内产生的雪崩，造成783人死亡，占死于自然灾害中人数的55％。1926～1981年，日本在这55年期间有700起灾害性雪崩发生，造成755人受伤，1190人死亡。此外，根据相关报导，日本新及周边诸县也是雪崩的常发区，其雪有时可达4～5米的深度，日本雪崩事件中的大多数就在这里发生。比如，1918年，发生的一起雪崩，致使大部分村庄被摧毁，158人死亡，这是日本雪崩伤亡最为严重的一次。而在1900～1989年期间，则有3300起雪崩事件产生，造成2300人死亡，平均每年有26人死于灾难中。另外，多雪的年份也是雪崩事件剧增的原因。比如，在1995～1996年的冬季，日本频繁地下雪，其中有些地区的雪深最大竟达6米，在此期间，有多达77起的雪崩事件发生。

2008年1月17日，连续4天的大雪在阿富汗西部引发灾害，导致至少85人死亡。

2010年2月8日，阿富汗北部的帕尔万省萨朗山口发生了雪崩，导致至少166人死亡，135人受伤。

2012年3月12日，阿富汗东部的努里斯坦省发生了雪崩，导致至少45人死亡。

有关国家对于雪崩造成的财产损失、死亡人数的统计，是明确表明雪崩灾害程度的重要资料。

首先，在某些地区和在某些时间，势必会遭到破坏性雪崩的集中袭击，这是最为重要的一个方面，所以，在个别雪崩事件当中，可能会有巨大的财产损失和惨重的人员伤亡。人们不能忽视这种威胁，正像不能忽视偶尔发生的火灾、洪水和地震一样。比如，在1950～1951年的冬季，阿尔卑斯山区遭受雪崩袭击，造成近300人受伤，死亡人数和受伤人数差不多。在瑞士，由于雪崩灾害的侵袭，造成约600万美元的直接经济损失。

其次，雪崩会给山区的开发带来非常大的困难，造成的财产损失也十分严重。最为现实的就是要有大量的人力、物力、财力用于雪崩防治工程的建筑及其养护、道路清雪等。此外，雪崩引起的交通运输不畅，甚至中断，如因绕道运行、时间延误以及因此造成的生产停顿，会造成难以估计的经济损失，倘使公路、铁路因此关闭通行，还会有巨大的社会压力产生。例如，日本的国道和县道，总长达49000千米，它们都是依赖于清雪机械除雪清雪，有多达6800台的机械，如果把对机械的运输、维修等在内的费用加起来，那么，这笔数字就相当惊人了。在加拿大，雪崩灾害严重影响运输业，企业和政府为了尽量避免并减少雪崩灾害对其造成的损失，每年要耗资1000万加元，用于防灾队工人工资、设备、炸药、运输和培训。除此之外，倘若主要运输网关闭，还要对其进行密切关注与治理，同时，做好应急准备，这也意味着一笔巨大的财务开支。

另外，居住在雪崩危险地区的人们，承受着冬季雪崩可

炸药

能对他们造成威胁的心理压力。如何消除这种心理压力呢？最好的办法是，在雪崩危险时期，要及时并有序地把老、弱、病、残等送至安全的地区，如有条件，整个家庭都要进行撤离。否则，当有雪崩事件发生，就算未造成十分严重的危害，焦虑和恐惧气氛也会很快就会笼罩在人们心中，特别是通行或居住在积雪深厚和山坡陡峭地区的人们，心理的创伤有时比身体的创伤更难以愈合。

4. 雪崩灾害的发展趋势

就世界规模来说，气候变化可能是影响雪崩作用的一个因素，它的波动就是一个作用点。在过去的一段时期之内，各地的气候有所变化，暴露于雪崩威胁下的人的数量、活动范围及其生产项目也有相应的变动，雪崩灾害类型及其程度也有着类似的特性。从加拿大哥伦比亚省的罗杰斯山隘的雪崩记录中，我们可以看到，1909～1980年这70多年的时间里，1919～1920年、1932～1933年、1934～1935年、1967～1968年和1971～1972年的冬季，发生的雪崩有着数量多、规模大、作用强烈的特点，其余年份的冬季，发生雪崩的频数则偏低或是中等。

在19世纪中叶，冰岛几乎全是由农村人口组成。1880年以后，在其东部、西部和北部的狭窄而深邃的峡湾地区，有渔村建立起来，但是，其中有很大一部分是地处雪崩易发地段，因此，当有灾害发生时，渔家就会深受其害。

在19世纪末，雪崩灾害在美国的发生频数开始剧烈上升。1860～1910年，是采金狂潮期，大批采金者在这段时期涌进落基山区。在这段时期内，雪崩灾害造成了严重的影响和损失，首先深受其害的就是那些采金者和向外运送矿石者，他们常常落得极为悲惨的结局。随着富矿的逐渐枯竭和金银的贬值，采矿者终于不再争先恐后地涌入山区，原来的采矿者也纷纷离去，从此，雪崩造成的灾害就不像以往那样严重了。但是，后来因为纵贯东西的公路和铁路建设有了较为迅速的发展，灾害的频数随之增多。如今，统计资料表明，在第二次世界大战以后，由于蓬勃发展的冬季运动的带动，兴建了诸如别墅、疗养胜地等建筑，许多繁华城镇也在山区陆续建立起来，致使在冬季进山的人数急剧增加，与此

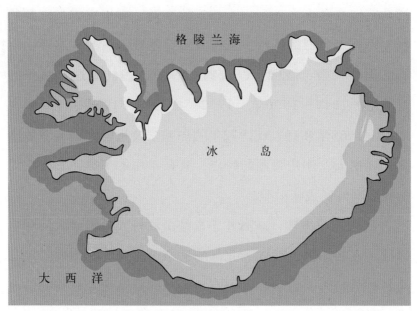

冰岛

同时，灾害也呈现上升的趋势，对人类的生命财产安全造成威胁。灾害增加的原因包含许多方面的因素，其中，包括在山区建设运输走廊，以及能源和通信线路。

缺乏系统的土地利用管理措施，是人们暴露于雪崩危险中最为重要的根源。受美学和经济学的影响，山区土地，甚至是那些已经被多次指出的雪崩不安全地区的土地，被人们过分地利用。长期以来，人们虽惋惜于灾害造成的损失和有感于生命在灾害面前的脆弱渺小，同时，对于能够预防灾害的各种措施也采取了积极的态度，但是，无情的灾害仍然是以不断上升的趋势在增加。比如，在欧洲阿尔卑斯山国家，每五年的时段，就会增加5%的经济损失，而雪崩造成的死亡人数则增加了10%，究其原因，这和山区的开发速度迅猛，特别是与冬季运动的普及有着密切的关联。

日本和欧洲相似，也发生过类似的情况，即从20世纪50年代初期开始，受雪崩危害的对象不再是固定的，而是发生了一些变化。在20世纪50年代以前，日本雪崩事件危害的主要交通载体是铁路，由于铁路沿线可能发生雪崩的地段得到了治理，在20世纪60年代以后，则成了公路。

近年来，行人遭遇雪崩灾害的事件已在不断减少。在20世纪50年代以前，烧炭雪崩事件发生频繁，70年代以来，已经少之又少，基本不再有类似情况发生。水力发电、采矿和林业生产雪崩事件也已经下降，但是，清雪雪崩和山区建设事件则在增加，而且根据相关专家的推断，预计还会有继续增加的趋势。在第二次世界大战以后，随着冬季消遣活动的普及，自20世纪50年代以来，与此有关的雪崩事件呈现不断增加的势态。与其他冬季消遣活动相比，登山雪崩事件所占的比例要高一些。而60年代以来，又有了一些变化，明显增加的滑雪雪崩事件，与高山地区大的雪场开发有一定的关系，预计这类事件还会呈现继续增加的趋势。

我国的西南、西北和东北山区，在解放以前，雪崩受害者主要是山民、牧民和林业工人。当时，山区的开发还没有启动，交通也不畅通，进山和居住在山里面的人不是很多，灾害程度比较轻。而在解放以后，受灾对象和受灾程度有了一定的变化，特别是改革开放以来，由于扩大了山地的利用范围，增多了一些行业类别，出现了许多厂矿、企业（以林业、畜牧、道路、采矿、通信等为主），以及相关的房屋、建筑和设施等的建设，就算在冬季，进入或常住在山区里的人也有很多。因此，灾害一旦发生，就会使更大的区域、更多的行业、更多的人受到灾害的影响。比如，在1961～1989年间，天山地区发生的雪崩事件，造成49人死亡，而1994～1995年，在这短短两年时间里，就有3人受伤，20人死亡。

1995年春，一场与交通有关的严重雪崩事故在天山西部果子沟发生。1996年冬，类似事故再次发生于天山西部巩乃斯沟，在新源县的一个六口之家全部遇难。另外，1997年冬，雪崩袭击了阿尔泰山区的采金人员。我国高山地区的山峰，对外开放以来，使得登山事业蓬勃发展，但不足的是，有多起严重登山雪崩事件相继发生于山区。

（四）雪崩分类

1. 雪崩灾害的发生地分类

（1）偏僻地区雪崩灾害。

没有常设雪崩营救组织的地区称为偏僻地区。目前，在北美的偏僻地区发生的雪崩灾害死亡人数最多，而登山运动员、徒步滑雪者、直升飞机滑雪者等又占此类遇难者中的大多数。绝大多数此种灾害的发生是由于遇难者在通过雪崩形成区时触发雪崩造成的，当然自然释放的情况也有，不过比较少见。此外，还有遇难者死于扎营地区中的帐篷里，这种雪崩事故是由于遇难者无经验、冒风险，这种灾例不多。当发生雪崩时，没有被掩埋的人对被掩埋者采取的行动是营救工作成败的关键，其中，最笨的方法就是向远处的营救队求救，但是一般等营救队来临时，遇难者已经无法救活了。

（2）滑雪地区雪崩灾害。

一般的滑雪公众和负责滑雪地区安全的巡逻队员，通常就是这地区雪崩灾害事件中的遇难者。雪崩事故的发生，常常是因为巡逻队员工作失误或是粗心大意所致。比如，对释放山坡不稳定积雪来说，最好的应对措施是采用爆破方法，但是，有的工作人员却采用了滑雪方法，而雪崩又最易受此影响而爆发。偶尔，当巡逻队员停在雪崩路径中央休息时，或是沿着瀑布线向下滑雪时，会被雪崩袭击，不过，此类事故造成的死亡比较少，因为巡逻队员随身携带着无线电收、发报机，就算被掩埋，也很容易被找到。

滑雪公众在滑雪时，可能会被滑雪地区未经压实的雪坡产生的雪崩袭击。雪崩事故的发生还受滑雪公众是否会有意、无意进入限制地区滑雪的影响。随着滑雪的普及和专业滑雪人员技术的提高，他们就会想要挑战山坡较陡、难度较大的山坡进行滑雪。在一些偏远陡坡上就建有既无预报系统，又无防治措施的雪场，虽然，此类雪场的危险系数非常高，但是，对于一些滑雪者来说，这无疑是具有极大诱惑力的。于是，他们不顾危险来此追求滑雪的刺激，有时却因此而失去生命。

不能过分相信采用爆破法检验后的山坡积雪的稳定程度，因为爆破法未必立即触发雪崩。重新对外开放的滑雪地区有时会爆发雪崩，使滑雪公众和巡逻队员的生命财产安全受到威胁，这种雪崩情况被称为"治理后的雪崩"。

雪崩常常袭击和破坏滑雪地区的专用设备，如支架、索道终端等，还会袭击附属建筑物，如餐厅、停车场、更衣楼等。常设遇难探测队的调遣速度和工作效率则决定了滑雪地区营救工作的成效。

（3）道路沿线雪崩灾害。

法国阿尔卑斯山的下英夏丁附近的查尼兹道路在1876

年遭到大雪的掩埋，造成严重的经济损失和人员伤亡。这次灾害除了因掩埋公路和铁路而中断了交通运输之外，对车辆和养路机具也造成了严重的破环，使沿途旅客和道路养护人员出现伤亡。此地已多次发生汽车、火车及其旅客和乘务人员被雪崩掩埋，或是被冲进河谷里的情况，清雪人员在某一雪崩路径上清除雪崩雪堆时，也可能遭遇再次席卷而来的雪崩，使其与机具被雪掩埋或是被冲进河谷里面。

（4）居民地区雪崩灾害。

雪崩常常摧毁和埋没河谷、山麓道路沿线的住房和村庄。最近几年，日本和欧美遭受越来越多的雪崩灾害，致使遭到破坏的私人别墅、高级宾馆和公馆建筑物也越来越多。雪崩的袭击目标也包括矿区的厂房，例如，加拿大不列颠哥伦比亚省的基蒂马特在1955年发生的雪崩，刮断了一座铝厂的动力线，冶炼车间因为停电不能生产，整整停产九天。之后，又耗资好几百万美元对供电线路进行修复和建造新的防雪工程。2010年3月22日，阿富汗东北部的巴达赫尚省发生了雪崩，5栋居民房屋遭袭，造成35人死亡。

由于雪会和遭到破坏的建材黏在一起，因此，对建筑物废墟地区进行雪崩搜寻时会比较麻烦，而且费时。但是，有一点需要提醒，千万不要因为麻烦、费时就放弃对此地的搜救行动，因为遇难者能够在建筑物废墟提供的呼吸空间中延长幸存时间。由于雪崩摧毁的房屋、建筑物可能会引发火灾等次生灾害，因此，搜救行动一定要及时迅速。

（5）其他雪崩灾害。

按照受灾对象和遇难者遇难时的状态，日本将雪崩灾害分为山区作业、消遣、道路、铁路、住家和其他六类。其中，山区作业包括采矿、烧炭、建筑、清雪、木材加工、水力发电和其他，而消遣则包括登山、滑雪、旅游、滑雪培训和其他，在消遣类雪崩事件中，登山雪崩事件占的比例最大。雪崩事件发生起数最多的是交通雪崩事件，如行人、车辆、铁路和道路交通，约占总事件的60%，但造成的伤亡相对要小得多，因为道路被积雪堆积起来影响了交通。作业伤亡人数也占了相当大的比例，约占总数的一半。

按照受害对象，我国天山地区雪崩灾害可划分为人员伤亡、财产损失、公路受阻、森林破坏、雪崩治理工程受损和雪崩次生灾害六类。其中，人员伤亡包括牧民、登山人员、伐木工人、筑路工人、车辆司乘人员。而财产损失则包括动产、不动产、牲畜、设备、车辆机具、通信供电线路。天山地区的雪崩灾害和公路交通运输雪崩事件有着密切的关系，这从雪崩发生的次数，或者是伤亡人数中都可以看出来。例如，1954～1994年期间，国道312线果子沟路段发生了8起灾害性雪崩事件，造成除了3人幸免外，死亡25人的悲剧，其中就有18人是公路交通的司乘人员，其余遇难者为1个猎人、1个居民和5个牧民。另外，天山地区雪崩灾害中排名第二位的是与山区放牧和住家有关的雪崩事件。

最近几年，由于人们生活水平的提高，登山作为一种消遣方式越来越受到人们的热爱，但是，由此而出现的登山雪崩事件也渐呈增加的趋势。森林发育的中山地带为雪崩的多发区域，雪崩常常破坏森林。1974年春，新疆天山山脉察汗乌逊山北坡奥尔塔克河上游的布鲁克斯塔沟发生雪崩，使得20000平方米的森林遭到摧毁，损失200立方米的木材。

此外，大坝工程、雪上车辆、公共事业人员、电力和通信线路等也是受灾对象之列。这种孤立雪崩事故幸存的可能性不大，因其营救工作进行较为迟缓。

2. 雪崩形成要素分类

（1）气象要素直接引起的雪崩。

降雪和雪暴期间山坡积雪超负荷，气温急剧降低引起内部应力变化，或者雪上降雨、气温上升导致积雪强度降低等气象现象都是引发这类雪崩的因素。

（2）积雪没有消融，但内部发生的过程直接产生的雪崩。

这类雪崩的起因是长期负荷造成的雪层削弱和降低雪层强度的变质作用。

（3）雪内消融过程以及气象要素直接造成的雪崩。

融雪引起的积雪强度削弱造成了这类雪崩的产生。

（4）偶然现象发生的雪崩。

这类雪崩的发生主要是与偶然现象，如地震、地下冲击、土壤冻胀等有关。气象要素和雪内正常过程并不是其成因。

（5）某些作用轻微影响到积雪而形成的雪崩。

此类雪崩不能归属于出现偶然现象发生的雪崩类别中。雪内过程或气象条件，都是这类雪崩产生的基础条件，只要再借一把"东风"，即轻微地扰动，使得雪体运动，如大声喧哗、动物穿越雪崩易发区、树枝上掉下雪块等，就有可能促使其产生。

（6）混合型雪崩。

在自然条件下，这类雪崩很普遍，例如，存在深霜层时降雪。雪深较小的增加，也许就会引起位于深霜层以上整个雪体的崩塌。在这种情况下，新雪提供的额外负荷导致老雪崩塌。

3. 雪崩形成时段分类

人们以始于18世纪的1000起雪崩资料为依据，对苏格兰山区的雪崩预报方法进行了探讨。根据定性分析方法，人们对这些雪崩进行了短期和长期发育分类，而且，对于雪崩的形成条件也作了相应的阐述。

（1）短期发育雪崩。

这类雪崩除背景形成因素以外，主要和新雪的若干特征参数有关。其孕育时段较为短暂，基本上由降雪和雪暴形成，并且产生于降雪和雪暴期间或之后不久的时间里。

（2）长期发育雪崩。

此类雪崩的形成在于雪的强度受到持续降温、升温、雪内过程的影响而降低，和当时的气象条件没有直接关系，积雪质量的增加只能作为接近雪层临界应力状态时的额外扰动。这类雪崩一般有较长的孕育时段，有时甚至占用大部分或者整个冬季。

4.雪崩危险程度等级分类

（1）积雪稳定程度与雪崩危险程度。

时间、地点的不同，雪崩的危险程度也有差异。即使同一地区或者同一雪崩路径，雪崩危险程度也会随着天气条件、积雪历程、雪内过程等因素而变化。同一时间，不同地区的危险程度更是千差万别。因此，非常有必要进行雪崩危险程度等级分类。

衡量雪崩危险程度的主要指标是积雪稳定程度。所以，有些国家就以预先确定好的积雪稳定指数为基础，每日预报未来24小时的雪崩情况，如此重复，积雪实际稳定程度就可以按照该期间同一系统的指数描述出来。

（2）雪崩危险程度等级分类。

根据山坡积雪稳定程度，以及山坡与沟谷雪崩状况的影响，可以将雪崩危险程度分为四个等级，按由轻到重的顺序是：轻度、中度、高度和极度危险。

5.雪崩危险程度地区分类

在确定有关地区雪崩危险程度时，要考虑山坡倾角、地形轮廓及其规模、土地利用特征、风和太阳辐射状况、今后拟采取的治理措施。此外，还要重点考虑包括雪崩频率和其他特征的雪崩状况。按照雪崩危险程度可以划分为以下四种类型地区：

（1）雪崩轻度危险地区。

这些地区不存在雪崩危险。由于山坡条件，或者当地的建筑设施被自然障碍物或者人工治理措施保护完好，因此，雪崩在这些地区产生的可能性很小。

（2）雪崩中度危险地区。

这些地区的雪崩危险程度很轻，且雪崩不常出现。但是，具有危险性规模的雪崩偶尔也会在这里发生。比如，当受到不利因素影响后，平时很少产生大规模雪崩的和缓山坡也会发生大规模雪崩；在自然障碍物和人工治理措施双重保护下的建筑设施，在强大的雪崩冲击下也会遭到破坏，威胁人类。

（3）雪崩高度危险地区。

这些地区具有相当大的雪崩危险程度，偶尔会出现严重雪崩危险，危险性规模的雪崩在这里更是频繁出现。比如，每次强降雪都会使很陡的山坡产生大雪崩，而且，滞后作用雪崩在这种山坡的产生频率也比中度危险地区频繁。

（4）雪崩极度危险地区。

这些地区的雪崩危险程度非常大，偶尔会有极为严重雪崩危险出现，并且很难治理。

当然，随着拟采取的防治措施的进行，雪崩危险程度地区的分类会受影响。有些地区程度类别也许会因为治理措施的好坏而发生变化。采取治理措施的地区，危险程度类别就会降低；而有些地区的治理措施在被破坏后，危险程度类别就会提高。

从微观角度出发，我们可以看出，就算是特定的雪崩路径，其雪崩危险程度也存在着明显的地区差异。雪崩堆积区，作为山区具有最高土地利用价值、最好开发前景的地方，可以把它的雪崩危险程度分为内部中心带和边缘外围带两种带型。内部中心带位于内部，而边缘外围带则从左、右和前方三面包围着内部中心带，位于边缘。中心带为高度危险地区，遭到冲击力大、重现期短的雪崩影响；而外围带则遭到比中心带冲击力略小、重现期稍长的雪崩影响。相对而言，因为雪崩危险程度向堆积区外围降低，所以，外围带可以开发利用。

（五）吹雪

1. 吹雪是如何形成的

风速受障碍物以及紊乱空气的影响，速度会减慢，当风在城市间穿越时，风力越大，自身速度下降的幅度就会越大。雪的降落也会受到这种风速降低的影响。比如，当风将雪直接吹向建筑物时，在建筑物的墙壁上就会黏附上一部分雪，不过，这种情况并不是主要的影响。假如雪是被风直接贴到墙上的，那么，可能就会有相当平整的厚雪层形成于墙的表面，然后，因为重力作用，墙壁上的雪就会下落，渐渐地，沿墙滑落之后形成一个斜坡。当然，我们说的只是一个理论设想，并不是发生的事实。雪堆积在墙脚并不是因为它们沿着建筑侧面降落，而是因为墙脚是雪首先着落的地方。

一条快速流动的河流携带着许多物质，如沙子、淤泥和小块的石子，河水在经历一阵大雨后，会携带大量的泥土，变得混浊不清。而当河流速度减慢以后，能量降低，它就再也不能带走那些较重的物质，如石头等就会沉入河底。在流淌的过程中，越来越多的物质会随着河流能量的不断降低而沉积下来，最先沉到底部固然就是那些最重的物质。与其类似的是，风在行进的过程中，会因为空气摩擦、障碍物等因素，使得自身的能量不断地减少，它就像河流一样，自身的能量决定了那些能够被携带起来的任何物体的量，当风在吹动时，它携带的物质也会随着其能量的失去而降落下来。

我们都知道，载雪的风在撞到了建筑物表面的时候，因为转向，能量会丧失一部分。因此，风所带的一部分雪会在建筑物底下降落。载雪的风失去能量的地方，就有飘雪形成，这就是为什么雪老是堆积在房子的一侧的原因。

在墙壁和吹雪之间，一般还有一条窄缝，那里的雪很薄。当载雪的风与墙壁撞击时，风就会以一种曲线状的行进路径转向，顺着墙壁表面向下行进，假如墙不高，一些风会越过墙的上部从背风的一面旋转而下，然后，它又与墙壁分离开来，在与墙壁有一定距离的地方，就会有大部分的雪降落下来，而在墙脚近处，即墙壁与吹雪之间的那条窄缝处，就会降落相对较薄的雪。

雪会阻隔道路，致使交通不畅。下凹的道路被雪覆盖的可能性极大，而且，其大部分时间都可能被雪覆盖，当春天解冻时，地面上无所遮蔽的积雪相继融化，而飘雪则可以坚持好几个星期，时间远远比它长。在道路的表面高度与两边的地面高度一样的地方，能量减弱的载雪旋风将更多的雪堆积在道路上，飘雪也会在顺风的一面形成，但在其他地方则不会出现这些情况。如果遇到大的吹雪，本来比两边陆地要高的道路就会被其覆盖掉，造成道路消失的假象，因此，针对暴风雪可能覆盖道路的后果，为了帮助扫雪车司机和旅行者认出道路的路线，一些地方就专门在路旁设有较高的柱子来作为表明道路路线的标志。

在狂风的驱动下，暴风雪可以引起很深的积雪。但这不是狂风独有的"本领"，轻风也可以做到这一点。风开始时伴随的能量越小，能量就很容易减弱。在没有风的空气中，雪会垂直降落，裸露的地表会覆盖上等量的雪。在一些条件下，飘雪仍会形成，不过这很少见。一般情况是：存在一定的气流运动，雪呈一定的角度垂直降落。当雪遇到障碍物，轻风并没有减少多少能量，雪就会堆积。

2. 危险的吹雪

吹雪给我们的生活带来很多不便，当遇到不熟悉的地形时，对于雪的深浅程度，我们难以判断出来，如果有人不小心掉到了雪里面，就很难逃生，吹雪具有一定的危险性。而且，清除路面上的积雪是一项既慢又费时的工作。

1856年的冬天，美国的内布拉斯加州的里查德森县遭遇了严峻的考验，12月初，20头牲畜被一场暴风雪赶进山谷，积雪堆积在一些沟壑中，其深度达到了9米，这些牲畜逃生无望，就滞留在了山里面，它们中的一部分靠吃树枝等物幸存下来，主人在第二年二月份进山的时候，才把它们找到。

1873年4月13日，一场持续了好几天的雪暴袭击了内布拉斯加州的霍华德县。当风雪终于停止肆虐之后，遍地厚厚的积雪将许多畜栏、树木，甚至房屋等毁坏了，这场灾害造成了巨大的财产损失和人员伤亡。例如，丽兹和伊曼两姐妹和她们的妈妈在暴风雪降临的时候正好呆在家里，两个女儿照看着炉火，而感觉不太舒服的妈妈则上床休息了。夹杂着细碎雪花的风越吹越猛，就连屋里面都遭到了侵袭，突然，一阵特别强烈的狂风吹进来，同时，还伴随着旋转着的成团的雪，瞬间，就将火炉中正在燃烧着的煤炭溅得满屋子都是。看见这种情况，丽兹和伊曼急忙采取灭火措施，但是，当火被扑灭后，家里的屋顶又被一股劲风掀开了，屋内渐渐被灌入的大雪覆盖，为了不被冻僵，姐妹俩和妈妈一同依偎到了床上。在忍受了一夜的恐惧后，天终于现出了一丝光亮，母女三人打算向邻居呼救。但当她们走到门口时，却发现门道已被雪完全挡住了，所以，她们只能寻找别的能与外界取得联系的办法。幸好，她们发现只要越过墙顶就可以逃离出屋子，但是，祸不单行，当她们逃出来后，却发现房屋都已经彻底被大雪覆盖了，她们无法辨别方向。这个时候，呼啸着的狂风仍然没有停下来的意思，不能坐以待毙，她们只能跋涉于连绵不断的风雪中。每当夜晚降临时，她们就在雪里挖个洞，然后紧紧地靠在一起，互相取暖。但是，不幸的事还是发生了，在星期二的早晨，妈妈和姐姐丽兹终于坚持不住而走上了通往天国的路，而妹妹伊曼则在接下来的一整天和夜晚顽强地活了下来。到了星期三，肆虐的暴风雪终于不再张牙舞爪，太阳也露出了久违的脸。尽管大雪仍将大地覆盖着，不能辨别方向，但邻居家的房屋已经出现在了伊

暴风雪

曼的眼里，她终于获得了救助，可是，她的妈妈和姐姐却从此离开了人世。

1979年2月的一天，家住在离剑桥市4.8千米距离的一个小村庄的伊丽莎白·伍德考克从英格兰剑桥市的一个市场出来，准备步行回家。但走在半路上时，一场暴风雪将她阻隔在那里，营救人员赶来时，她已经被困达到8天之久，不过，幸运的是，她还活着。当然，这不幸中的万幸并不是所有人都有的运气。

二、雪灾安全

（一）雪暴预防

在世界上任何地方，到了冬季，只要发生了雪暴、暴风雪和严酷寒冷的天气，都无可避免地会引发死亡事件。统计结果表明，在所有因寒冷而丧生的人当中，室内死亡的人占了1/5，其中，有一半的人年龄超过了60岁，而且，男士的死亡率占的比例相对要大得多，占了3/4。在室外死亡的人也占了相当的比例，且大部分人也是男士，年龄大多在40岁以上。在野外遇难的占了1/4，其中，困于车中死亡的约有70%。

其实，死亡是可以避免的。在恶劣的天气中，倘若准备工作做得充分，你就可以幸免于难。提早做好准备，以防恶劣天气到来时手忙脚乱，这是防范雪暴的诀窍。另一个关键因素就是了解相关的信息。在恶劣天气到来时，如果你不想让事情变得难以控制，那就千万不要恐慌，倘使你懂得一些相关的防范措施，应该安下心来想一想，然后镇定地按照步骤进行，那样，在灾难中，你的幸存机会就会大大增加。

一场猛烈的暴风雪降临时，你可能好几天之内都会被困在家里。所以，一旦得知了冬季风暴戒备的消息，在此后珍贵的一两天时间内，你就应该及时积极地做好相关的准备措施。

1. 暴风雪来临前应做的准备

听到风暴的戒备消息后，要尽快通知邻居与亲朋好友，他们可能还并不知道警报信息，此外，要根据情况，看是否准备卫生可储的物品。如有必要，要准备可以坚持几天的食物，最好选那些不用烹饪，不需要冰箱保存的高能量食品，如干果、巧克力、饼干等。此外，还要为老人、儿童准备相

饼干

手绘新编自然灾害防范百科

Shou Hui Xin Bian Zi Ran Zai Hai Fang Fan Bai Ke

应的食品。

检查电线和电话线是否出现故障，同时，也要确定手机是否能够正常通信，还要将电池电量充满，以防暴风雪来临时不能与外界取得联系。最好准备能够由电池来运转的电视、收音机，方便随时了解相关资讯。

暴风雪来临时可能会对供电线路造成一定的影响，为了不在可能断电时发生手忙脚乱的状况，最好准备一些能够耐用并方便的照明设备，如手电筒（最好是使用电池的手电筒）、小型发电器等，而且，也要看使用的电池是否能够正常运转，准备足够的备用电池。如果没有上述条件，也可以准备火柴、蜡烛、煤油灯等简易照明设备。

收音机

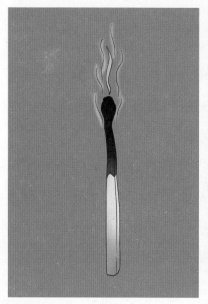

火柴　　　　　　　　　　　　　蜡烛

　　暴风雪来临时不仅有对供电线路造成影响的可能，也有对输水线路造成影响的可能，所以，在其来临前，要有随时会停水的打算，按每人每天饮用3.78升来算，准备足够喝几天的干净水，也要在盆里、浴缸等容器内蓄满水，以备不时之需。

　　暴风雪的降临预示着气温的降低，为了顺利度过低温时期，要确保空调、电暖器等取暖设施的正常运作。准备气罐，以防停电时电力设施不能运作而造成煮食不便。此外，在农村，可以准备大量的炭、煤油或木头，在暴风雪来临时用来取暖。

炭

检查所有使用燃料的装置是否能正常运转，如壁炉、炉具或其他装置。要保证良好的通风状态，如果通风不畅，当这些装置运转时，在空气中就会积聚无色、无味的有毒气体——一氧化碳，引起中毒。

　　为了预防燃料起火造成危险，要准备一些能够有效灭火的设备，最为简便的就是准备一桶沙子，它们既能轻易得到，又可以有效地灭火。此外，如果条件允许，可以准备灭火器，将其调整为备用状态放在触手可及的地方，并且将烟雾警报器启动。照理说，水是火的克星，为什么不用水灭火呢？当然，在一定情况下，水确实是灭火的好材料，不过，倘若有电线或者是油类物质起火，切忌往上泼水。

　　在暴风雪来临前，如果家中有病人，要对其药物做好安排，保证有足够的药量，而且，对于急救药物的存放处要铭记于心。

2. 驾车外出前要做的准备工作

　　冬季暴风雪来临时，如果一定要驾车外出，要将油箱加满油，防止用尽燃料后受到暴风雪更加猛烈的袭击，此外，还要防止其他状况发生，如无法辨别方向、油箱和燃料管结冰等现象。在出发前，一

指南针

定要做好以下准备：

最好将你的目的地、计划行车路线、备用路线以及预计到达时间等告知给你的亲朋好友，如果实在没有办法，尽量不要一个人出行。而且，将指南针和所有可能用到的地图带上，可以在无法辨别方向时使用。在用指南针时，不要呆在车里，因为车的金属和电气系统会对其造成影响，使标示有误。

最好携带一个放有食物，如糖果、花生、干果或巧克力，还有睡袋或毯子，替换的鞋和衣服的求生背包。此外，还要放一些其他备用物品，如急救箱和使用手册、蜡烛和防水火柴、投币电话用币、手电筒和备用电池、锋利的小刀、用来融雪当水喝的铁罐儿、一根拖曳绳索、一块显眼的红布、雨刷、细沙或沙砾、援助索（英国人称之为对接线）、一把铁锹（以免轮胎在冰上打滑）。你的车如果没有无线电天线，为了方便，最好还要准备卫生纸、一根长棍和一个有盖子的大桶。

铁锹

3. 城市居民在雪灾发生前应做的防护措施

雪灾能给人类的生活与生命安全造成极大的威胁，比如，它能对交通、供水、供电系统造成严重的影响和破坏。

那么，在雪灾发生前要采取哪些防护措施呢？

在雪灾多发季节，要随时观察留意天气预报。

如果得到雪灾即将发生的消息，要在家中提前准备好足够御寒的衣物及被褥，还要准备好足够的干净水、食物等，最好能够吃几天。

准备可以照明的工具，如蜡烛、手电筒等，以防雪灾造成输电线路不能供电带来的麻烦。

准备常用的药品，以防不时之需。

手电筒

准备能够御寒防滑的鞋子和雪具，必要时，还要准备能护着眼睛、耳朵、鼻子、嘴巴的御寒物，一旦有事外出，也能够有一定的安全保障。

在出行时，要听从交警指挥，遵守交通规则。

4. 暴雪天气里如何保护自己

（1）遭遇暴雪天气时，应如何应对。

遭遇暴雪天气时，尽量待在房子里，尽量保持身体的温度。正在下大暴雪时，先不要做铲雪、推车或尝试在雪中长途跋涉等各种体力劳动，在极寒冷环境中，流汗过多会使人发冷或体温降低。尤其是老年人和易受感染的人，抵抗力比较弱，突然用力还会损害心脏。这时要多吃一些高能量的食物，如干果、燕麦、巧克力、面包和花生酱，多喝热饮保持

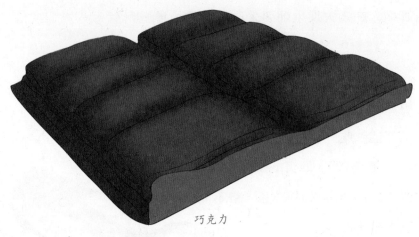

巧克力

体温和充足的水分摄入量。

（2）如果停电如何保持身体温暖。

暴雪很容易造成电路不畅，当我们不能依赖电力取暖的时候，一定不可大意，要采取一些其他措施来保持身体温暖。如多穿几层宽松、轻质的保暖衣，而衣服各层之间的空气可以保护身体的热量不散失；戴上保暖的帽子防止热量从头顶散失，晚上睡觉的时候，帽子也不要摘；多盖几层薄毯子，而不是只盖一层厚毯子，避免热过头，因为那也会使人发冷；规律饮食也可以帮助稳定体温。

大雪容易造成城市的能源供应系统瘫痪，在没有适当的通风装置的情况下避免使用加热装置，因为这有可能造成窒息。这时需要采取一些安全又保暖的措施维持室温，保持体温，如关上闲置的房间，在门缝中塞上毛巾和破布，用废报纸作绝热材料。晚上用毯子或者毛巾把窗户盖上防止窗户缝隙散失热量。

如果必须要外出，带上口罩防止冷空气对肺部的侵害，戴上手套，穿上防滑的皮靴或雨靴。留心掉落在地的电线和雪地里的不明凸出物体，慢慢地小心行走，注意不要滑倒。

5. 大雪天气要防止六大伤害

雪天中要防止六大伤害：

（1）防止意外跌倒摔伤。

雨雪天气路面湿滑，出行一定要注意安全，尤其是老年人，尽量避免雨雪天气外出，防止意外跌倒。

（2）防止冠心病发作。

雨雪天气温度陡降，低温天气下，冠状动脉遇寒易痉挛收缩，容易引发心肌梗死，因此，心脑血管患者更要注意加强防护，及时服药预防，切忌劳累，注意保暖。

（3）防止呼吸道感染。

冬春季节最易引发呼吸道疾病，抵抗力较弱的老弱病孕最好适当减少户外活动，室内要保持经常通风，还要注意防寒保暖。

（4）防止消化道溃疡及胃出血。

寒冷容易引发胃出血及消化道溃疡，所以，寒冷天气还需要注意胃的保暖和饮食调养，日常饮食宜选取温软素淡、易消化的食物，有规律地少食多餐，少吃生冷辛辣食物，烟酒都要戒掉，还可以选服一些温胃暖脾的中成药调理肠胃。

雪暴防范百科 *Xue Bao Fang Fan Bai Ke*

（5）防止煤气中毒。

冬季寒冷，使用煤气、煤炉取暖的家庭，千万要注意取暖设备的安全性，经常排气通风，防止废气积聚，一氧化碳中毒。

煤炉

（6）不要忽略御寒方式。

喜欢时尚的年轻人为追求时尚，经常穿着暴露或穿着单薄，容易造成冻伤，在出入室内外温差较大的环境时，一定要注意及时添减衣物。同时注意饮食清淡温热，一次食用过多的凉性食物，会引发急性胃肠炎。

6. 如何防范和救治雪盲症

眼睛视网膜受到强光刺激引起暂时性的失明症状叫做雪盲症。这种症状经常在雪地、登高山和极地探险者身上发生。雪地对日光的反射率高达95%，直视雪地就如同直视阳光。

雪盲的症状：眼睛发红，经常流眼泪，并且十分疼痛，感觉眼睛像充满风沙，对光线非常敏感，严重者很难张开眼睛。

若发生雪盲，如何进行救治呢？

单色的雪地能够反射阳光的紫外线，很容易伤害到眼睛。所以，在观赏雪景或在雪地里行走时，最好戴上黑色的太阳镜或防护眼镜，以保护眼睛。

得了雪盲症要补充维生素A、C、E和维生素B群等。

如果有雪盲症的症状出现，要用眼罩蒙住眼睛，不要勉强使用眼睛。

用药水清洗眼睛，用毛巾在冷水中冰镇后敷在眼睛上。还可以用鲜人乳或鲜牛奶滴眼，每次5～6滴，隔3～5分钟滴

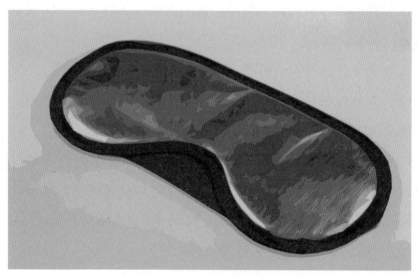

眼罩

一次。牛奶一定要煮沸冷透了才可用。

减少用眼，多休息。一定不要热敷，高温只会弄巧成拙，加剧疼痛。

缓解雪盲的症状时需要有一个良好的环境帮助恢复，但完全恢复需要5～7天。

7. 雪灾的防护措施

雪灾发生时，会造成十分严重的后果。为了将灾害造成的损失降至最低，要在灾前或灾害发生时及时而积极地采取相应的防护措施。

（1）牧场面对雪灾时的防护措施。

积雪可以把数万平方千米的草场覆盖掉，当牧场遭遇雪灾时，最直接的受害者就是牲畜，相应的措施是：

冬天是雪灾的多发时节，要为人畜准备好充足的干净饮水、饮食。

为了让牲畜安全越冬，可以通过轮牧来解决。

要随时关注天气预报，一旦收到会有雪灾发生的预报，就要提前为牲畜准备足够吃的，有丰富营养的草料。

小的、雌的、体弱的牲畜是雪灾中最易受到伤害的群体，为了让其能够顺利度过暴雪天气，应该建造密封性好的阳光房，在里面，就算不生火，也照样温暖如春。

（2）农场面对雪灾时的防护措施。

为了防止次生灾害的发生，因雪灾造成危害的农场工作

人员要尽快转移到安全的地方。

雪灾对蔬菜、农作物等的成熟有一定的影响，所以，要在雪灾发生前对其采取一定的御寒措施。

要注意高压线被雪压断后掉入生活区或河水中致人触电的可能，及时而迅速地抢修被雪刮倒的电线杆和被毁坏的变压器等物。

为了将灾害造成的损失降至最低，要迅速采取一定的生活自救措施。

（3）大棚种植面对雪灾时的防护措施。

雪灾会对大棚造成不同程度的损害，为防止冷空气侵入大棚和积雪压塌大棚，应该采取多种防护措施。

在风雪到来之前检查大棚是否完好，要及时修补塑料薄膜上的破洞，防止冷空气侵入。

用土把塑料薄膜与地面相接的边缘压实。

在大棚北面用秸秆堆成防风屏蔽，帮助抵挡寒风。

在大棚顶上盖上草帘，也可以起到一定的保温作用。

对积雪较厚的大棚及时清扫，最好做到随下随清，防止积雪压塌大棚。

加固对大棚的支撑，防止大棚不堪积雪重负倒塌。

开沟排湿，加盖小拱棚或地膜。可以增加植株生长小环境的温度和地温，提高抗寒能力。

为了防止雪天增加棚顶的压力，大棚顶部坡面建造不要太缓。

（二）雪暴预测

　　长期以来，人们都是通过观看天空、观测云彩来预测、识别气象。如，晚霞满天通常意味着明天又是艳阳天；当水手们看到一束束卷云变成马尾巴时，他们知道几个小时后会有大风来临。这些观察还以诗歌的形式保存下来"晚霞飘天空，牧羊人乐心中……"；"画家的笔儿刷天空，身边的风儿向前冲"等。

　　这些谚语大多都会奏效。但作为一种天气预测方法，它具有局限性。它们之所以奏效，是因为产生可见征兆的很多气象状况集中在很远的地方，然后慢慢靠近。例如，尘埃颗粒折射阳光会造成晚霞。当太阳在天边位置很低时，光线要比太阳当空时穿过更多的空气，大部分的绿光和蓝光被折射散开，所以我们看到的主要是剩下的橙色光和红色光。尘埃意味着空气干燥。通常情况下，中纬度的天气系统是自西向东移动的，这样，干燥的空气很有可能在第二天早晨到达，带来万里无云的好天气。

　　同样的道理朝霞也是这样产生的，但它在东方。因为天气体系是从西向东移动的，因此好天气正在撤离，潮湿的天气可能会随之而来。朝霞不如晚霞可靠，因为晴朗的天气过后不一定是潮湿的天气，有时候也会迎来一个好天气。

　　明白了上面的道理，我们才可以预测未来天气。检测出

手绘新编自然灾害防范百科

所有天气系统和气团，并在天气状况到来之前迅速地作出预测，做出准确的天气预报。

1. 气象台、气象气球与气象卫星

气象研究和天气预报仍然靠直接的观察，但新技术的使用大大增加了可观察内容。全世界成千上万的地面气象站都在收集数据，间隔一般为1小时或6小时，并将收集的数据传输到预测中心。有的气象站只报告地平面的状况。还有一些气象站，气象学家们把携带无线电探空仪的气球放出，让其在大气层上部测量有关数据，并将数据用无线电发送给地面接收站。气象学家用雷达跟踪气球来测量不同高度的风向和风速。

自从1960年第一枚轨道卫星发射以来，卫星一直在传输像片和测量结果，其中有些像片是用对红外线波长敏感的相机拍摄的。

把传输到天气预测中心的数据输进超型计算机，计算机会将详细数据显示出来，并随卫星图像不断变换气象云图。预

气象气球

测者可以在监视器上看到非常详细的内容，他们可以运用三维图像，显示某一定点上空高达13千米的温度、云及风，并且显示云团中垂直气流最强的地区和有可能结冰的地区。

2. 天气预报

有很多方法可以进行天气预报，通常情况下是将这些方法综合运用。在某些天气预报中，经验丰富的气象学家运用自己的判断来估计某一天气系统的发展、移动方向和速度。还有一些天气预报，是在数字预测的基础上，运用物理定律和对输入计算机的数据进行计算，预测出将要发生什么。

由此可以看出计算、观测能力都由预测者们支配，但他们也只能提前预测一周左右的天气。未来几周或几个月长期天气预报，他们仍然做不到，并且可能永远不会实现。这是因为随着天气系统的发展和移动，那些没有被注意到的、很小的差异会快速地扩大，导致两个同时出现的一模一样的天气系统，可能几天后会完全不同。天气系统对其最初状况的微小差异都非常敏感。

目前，虽然长期天气预报不能实现，但是短期预报还是很可靠的。时间越近，预报越可靠。预测者先看气压分布的信息，它们显示出低压区和锋面。如果低压带周围的等压线比较紧密，说明存在陡峭的气压梯度，而陡峭的气压梯度又表明存在强风。因此风是最先测出来的，并且它们的实际速度可以通过地面气压计算出来。天气系统通常是移动的，预测者根据气压分布的详细情况可以计算风向和风速。

预测者根据气象台的报告可以得出低压带有多少云和降雨量。卫星云图会对这些信息进一步确认，并提供一张清晰的图片。图片会显示云的范围以及与它相关的低压带周围及锋面边缘的云的类型。水滴能强烈地反射波长大约为10厘米的雷达波，因此，可以用雷达测量降雨量。

预测者已经知道天气系统的移动方向、大小和速度、周围的风力和风向和它产生的降雨量，接下来，需要知道降水类型。这主要看云的类型和云内部、云底部与地面之间的温度。如果云较低部分和云下面的空气温度在4℃以下，就会下雪。如果低压带周围的风在每小时56千米以上，就会有雪暴。

3. 警报

预测者一旦预测出恶劣的冬季气候，就会发布警报，让人们尽可能提前做好充分准备。在美国，警报主要通过电视和收音机广播。在世界其他地方，警报是日常天气预报不可缺少的一部分。警报的等级划分，明确而且具体。一份冬季气象报告提示人们警惕那些恶劣的、有可能会带来危险的天气。

霜冻警报意味着某些地区温度会降到冰点以下，家里无供暖的人们应检查一下取暖设备是否能正常工作，还要准备一些保暖衣物。一些花园植物和园艺植物可能会被伤害，需要采取保护措施。

比较严重的警报是冬季风暴戒备和冬季风暴警报。冬季风暴戒备意味着在一两天内，恶劣天气会到达，让大家在这段时间内做好准备。随着天气系统的逼近，发布冬季风暴警报，这意味着恶劣天气已经开始，或在几个小时内马上来临。

寒风凛冽，风雪夹杂，并伴有风寒、降温及雪寒，能见度几乎降到零，这时发布雪暴警报。雪暴警报是所有警报中最严重的。

4. 雪灾的预警信号

雪灾预警信号有黄色、橙色、红色三种，其中，黄色为三级防御状态；橙色是二级防御状态；最严重的是红色，表示一级紧急状态和危险情况。

出现红色信号时，必须对灾情要有足够的重视；

做好预防雪灾和防冻害的应急和抢险工作；

必要时相关区域应该立即停课、停业（特殊行业除外），以减少雪灾给人们生活带来的影响；

必要时飞机暂停起降，火车暂停运行，高速公路暂时封闭，以减少雪灾造成的交通事故的发生。

（三）雪崩安全须知

　　登山、滑雪、科考、旅游、探险、观光的人员，以及通信、交通、水电、输电、牧业、林业等行业的人员，经常涉足雪崩危险地区，有遭遇雪崩的危险。因此，了解雪崩以及发生的规律，掌握安全知识，遵守技术规范和熟悉雪崩营救方法意义重大。

滑雪

雪崩遇难者中，很少有人能够幸存，因此要充分和高度认识雪崩的危害。雪崩事故大都是遇难者本人或者他人触发而引起的，当然，自然释放雪崩也会引起伤亡，但是人为触发是雪崩事故的主要原因。那如何才能预防雪崩灾害的发生呢？

造成滑雪者死亡的雪崩，90%是滑雪者自己触发的。因此，在多雪山区工作、生活、滑雪、旅游、登山的人员，必须时刻注意自身的举止，避免不小心触发雪崩，造成伤亡。

小雪崩的危害不可低估，50%左右的致命性事故，是由长度不足100米的小雪崩造成的。小雪崩会使遇难者卷入下游更大的雪崩，因此，要像注意大雪崩一样注意小雪崩。

如果一个地方多年没有发生雪崩，人们就会放松警惕，至少要比每年都发生雪崩的地方的警觉性差。因此，偶尔发生雪崩的地方才是最危险的地方，通常会引起更大的伤亡。

从来没有考虑会产生雪崩的地方，在天气异常的情况下，也会产生雪崩。

1. 选择合理的行走路线

对于经常出没雪崩地区的的人员来说，选择行走路线变得极为重要。分析雪崩形式，了解有关地区的雪崩状况，结合各自的具体要求选择安全、正确的行走路线，要注意以下问题。

（1）积雪深度。

山坡积雪为30厘米时，就有产生雪暴的可能。因为如果山坡雪深30厘米，吹雪地区背风坡积雪可能高达1～2米。如果该处积雪崩塌，可以触发坡下雪崩。调查结果显示，我国新疆天山、阿尔泰山雪崩临界雪深为30厘米。初步估计，我国东北和西南山区的雪崩临界雪深也达到了30厘米。随着雪深的增加，山坡积雪稳定程度减小，雪崩危险程度增加。

（2）地形条件。

雪崩的状况因各地地形条件和地形位置的不同而有所差异，因此，雪崩的危险程度应根据地形特征来衡量。

坡向：风会把分水岭和邻脊带的迎风坡大部分积雪吹走，堆在背风坡地区。迎风坡积雪很浅，有的甚至地表裸露。即使有雪，也会被压得非常密实。背风坡积雪很深，有雪檐发育，增加积雪荷载。

阴坡的积雪比阳坡要深得多，雪崩的危险期也长。同时，阴坡积雪有利于发育脆弱、松散的深霜。选择行走路线时，要优先考虑迎风坡和阳坡。倾角不大的迎风坡和山脊是登山通行的最有效、最安全的路线。为了安全，有时候需要绕道而行。绕道可能会消耗体力、浪费时间，但是为了生命安全，绕道也是值得的。

山坡倾角：小于15度的山坡，很少会发生雪崩。30～50度的山坡是最危险的地方，多数雪崩会发生在这里。少数雪崩发生在50度以上的山坡。如果想高山滑雪，提倡在20～30度的山坡上进行。在积雪不稳定时期，不要在陡峭岩面和30

度以上雪坡逗留。

凹凸：凸坡积雪处于张力状态，发生雪崩的机会非常多，但遇难者被埋的机会比较少。凹坡积雪处于压力状态，发生雪崩机会比较少，但遇难者被埋机会却很多。

平坦山坡和深邃沟槽：通行的路线宁愿选择平坦、短促、可能雪崩的山坡，也不能通过源远流长、布满露头、不大可能发生雪崩的沟槽。小型坡面雪崩，积雪荡涤一片，不会产生汇流现象。即使被雪崩掩埋，也不会很深。沟槽雪崩则与此相反。除此之外，岩石露头也会引起遇难者受到外伤。

（3）雪崩类型。

雪板表面对于一些人很有诱惑力，因为人可以站上去，容易让粗心的人产生安全错觉。其实轻微的震动就能够触发雪板雪崩，爆裂声过后，大量积雪就会倾泻而下。雪停后，数小时之内，雪坡经常会出现轨迹类似拉长梨形的雪崩。这类雪崩速度不快，很少能达到10米/秒，对滑雪者来说危险不大，很容易逃脱。但是，为了安全起见，也应该尽量避开。无论大雪崩还是小雪崩，都有可能引起严重事故。

2.遵守安全规范，穿越雪坡和雪崩路径情况

即使是沿着选好的路线前进或后退，有时也会受到雪崩的威胁。因此，穿越雪坡和雪崩路径时必须小心谨慎，遵守安全规范。

（1）正确估计山坡积雪稳定程度。

在进入危险山坡之前，首先要花些时间考虑直接面临的安全问题。哪些方法可以检查山坡积雪的稳定性呢？

雪坑和积雪荷载能力试验：在适当地段挖一雪坑，观测雪深以及结构和层次，确定雪深是否超过雪崩临界深度；根据双脚站在雪上陷入深度和山坡雪深对比，来判断积雪荷载能力。

雪崩释放试验：在雪坡边缘跳动，或向雪坡投掷石块，观察积雪是否会断裂。

（2）穿越雪坡和雪崩路径注意事项。

穿越之前，要设想一下，如果发生雪崩应该做些什么，如何去做。

穿越期间，要始终注意积雪断裂现象，因为它是雪崩发生的第一信号。

穿越时，落脚要轻，千万不能多人在同一山坡不同高度齐头并进。同一时间，只许一人穿越，其他人待在安全地带注意观察积雪动向和穿越者的行踪。在第一个人到达安全地带之后，第二个人才能出发，其余类推。也可以采用单人鱼贯形式穿越，但是，彼此之间必须保持30米距离。后者注意前者的行踪。在排尾到达安全地带之前，不能掉以轻心。

雪崩危险期间，禁止重复穿越同一雪崩路径和在雪崩路径中逗留。

安全绳

　　如果在雪崩路径或雪坡作业，应派专人在安全地带警戒，密切注意雪崩和可能遭到袭击的同伴。如有雪崩发生，立刻报警，并注意同伴卷入雪崩和最初被埋的位置。

　　如果已经陷入雪崩袭击的困境，应该立即相互散开，彼此保持50米以上的距离。

　　不要穿越见不到沟底和看不到山顶的生疏雪坡。为了避开危险的雪崩路径，可从林间隙地通行。

3. 雪崩来临时的预兆

　　（1）山区雪层不稳固的35～45度山坡的预兆。

　　在山腰中行走时，如果听到冰雪破裂声或隆隆的声音，这正是积雪正在下滑的声音，这时候，你需要马上观察所处的位置与雪崩的距离，然后设法躲开雪崩的行进路线。

大雪之后，尽量避免到山地行动，尤其是经常发生雪崩的地区。也可以通过地貌特征来判断雪崩易发地区，如山坡上有雪崩大槽，山脊上有雪檐，山坡上方有悬浮的冰川等，这些地方都是雪崩易发生的预兆，要避免在这些地方活动。

（2）冬季山区大量的降雪常伴有大风。

冬季时候出现大量降雪，并伴随大风现象，这种天气最易形成雪崩。一定要提高警惕，最好不上山，远离山区，如果已经在山上，最好马上选择安全路线下山。

如果雪崩已经发生了也不要慌乱，要沉着应对。

游泳动作

雪崩发生时，要尽量抓紧山坡旁如岩石之类稳固的东西。这样即使有段时间身陷其中，但当冰雪泻完时，便可脱险了。

如果已经发生雪崩，而且不幸被积雪埋没时，应在雪中努力做游泳的动作，这样会一点点、慢慢地破雪而出。

如果大雪把你完全压住了，根本动不了时，应尽量将口鼻处挖一个小空间，让自己能够保持正常的呼吸，然后不要动，耐心等待救援。

4. 哪些地方容易发生雪崩

通常情况下，25～60度的雪坡都存在雪崩的危险，而30～45度雪坡是最危险的地方，容易发生大雪崩。此外，向阳的雪坡由于易于融雪，容易发生雪崩；光滑、无植被或少植被还有岩山表面的山坡也容易发生雪崩。北山坡的雪容易在冬季中期雪崩，南山坡的雪容易在春季或阳光强的时候雪崩。新雪后次日天晴，上午9～10点最易发生雪崩。

一般雪崩都是从山顶活山体高处爆发，并以极快的速度形成强大的力量携带大量的树木碎石向山下冲去，一直奔腾到开阔的平原将其下冲之势缓冲殆尽才能停止。雪花看似没有重量，但是形成的这种"白色恐怖"却能达数百万吨之重。雪崩所形成的巨大破坏力，不只表现在雪崩的重量上，还在于雪流形成的气浪，这种气浪的冲击甚至比雪流本身的重压更加可怕，它能推倒房屋，折断树木，使人窒息而死。

手绘新编自然灾害防范百科

Shou Hui Xin Bian Zi Ran Zai Hai Fang Fan Bai Ke

雪崩的破坏力是惊人的，往往给人造成致命的危险，所以在雪地活动的人特别要注意以下几点：

大雪刚过，或连续下几场雪后是最危险的，这是雪崩最易出现的时机。这时候，一定要远离山区，不要上山。因为在这时，新下的雪或上层的积雪很不牢固，稍有扰动，甚至一声叫喊都足以引发雪崩。

天气变化不定，时冷时暖，天气转晴，或天暖开始融雪时，积雪变得松散不稳固，很容易发生雪崩。

陡坡上非常危险。因为雪崩一般都是由上而下运动，在20度的斜坡上，也有发生雪崩的可能。

如果必须穿越斜坡地带，千万不要单独行动，更不要堆在一起行动，应该隔开一段可观察到的安全距离，一个接一个地走。

时刻关注雪崩的先兆，比如冰雪破裂的声音或低沉的轰鸣声，仰望山上见有云状的灰白尘埃，这是因为雪球下滚所引起的。

雪崩的行进路线，可依据峭壁、比较光滑的地带或极少有树的山坡的断层等地形特征辨认出来，所以在上山或在山区活动时，要尽量远离这些地方。

5.避免遭遇雪崩险情的安全措施

雪崩危害极大，做好安全的防范措施，可避免或降低雪崩的危害。

大雾

在雪崩危险期，如降雨、大雾、大雪、大风时及其后两天内和夜间，行人及车辆需要远离雪崩危险区，在此期间，不要在雪崩危险区附近活动。

不要单独行动，外出时，事先告知朋友你的行踪状况，最好多人一起外出，一定要在规定的时间内并按预定的路线行动，这样即使发生雪崩，也可以得到方便、及时的救护。

通过雪崩危险区时可以几人一组，带上必要的安全救护装备，做好防护措施，每人身上系上长30～40米的红、蓝等深色鲜艳的雪崩绳，每人之间隔开一定的距离，防止扎堆掉入

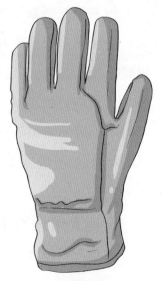

手套

雪洞。越过雪崩沟槽时，要一个一个地走，后面的人一定要踩着前面一个人的脚印走，这样最安全。

在通过雪崩的危险区时，衣服一定要安全保暖，戴上手套和口罩，防止被雪覆盖掩埋时引起体温过低或吸入雪尘而造成死亡。身上的装备器材不要系得太紧，必要时候可能随时都要丢弃。

和泥石流一样，雪坡刚发生雪崩后不久，此地一定不能久留，一次雪崩之后很有可能再次发生。如果有或大或小的雪球从变暖的松雪区自由滚动，这意味着深层的雪已经不稳定了，滚落频率渐快的话，一定要迅速离开现场。

6. 登山者应掌握的雪崩常识

在积雪山区，雪崩是最为常见的一种自然灾害。它具有突发性、量大和快速的特点，且破坏力大，对遇险者来说，雪崩对其生命有着巨大的威胁。比如，在第一次世界大战期间，奥地利蒂罗林，即现在的意大利境内的阿尔卑斯山南麓发生的雪崩，是有史以来造成死亡人数最多的一次，有4万~8万人死亡；1957年，贡嘎山发生雪崩，造成新中国第一位登山烈士丁行友死亡；1991年1月，怒江与澜沧江间的梅里雪山发生雪崩，由17人组成的中日联合登山队无一生还。

2010年11月23日，日本北海道十胜连峰地区的一座海拔1920米的山峰发生了雪崩，日本山岳会北海道分部的11名成员被卷入其中。当地警方于24日在雪崩现场附近发现了3男1

女，4人被送往医院后确认死亡。

在倾斜度为20～60度的悬崖处，特别是30～45度之间，通常是雪崩的多发地段。此外，容易发生雪崩的还有向阳、光滑、无植被或岩山表面的山坡。在春季，或是有强烈阳光照射的时候，南山坡的雪就极易发生雪崩；而在冬季中期，则北山坡的雪极易发生雪崩。如果在雪停后，第二天天气晴朗，在上午的9～10点钟，则极易发生雪崩。

无论何时进入雪崩危险区，都不能单独行动。如果出现大雾、暖风、降雪、地震等情况，以及在其出现后的两三天，更不要冒险进入雪崩危险区。在平时，了解并掌握一套关于雪崩的基本知识，对于喜欢登山和滑雪的朋友来说，是极其重要的。

午后不要去刚被阳光照射的地方，阳光的照射可能造成雪层松动，易发雪崩。最好是去阳光已经照射很久的地方。

雪檐，通常是一个伸向天际的光滑斜坡。从顺风侧看去，很容易识别。在雪山活动时，贸然踏进雪檐的断裂段是非常危险的。

发现某地方已经出现雪崩迹象的话，登山者一定要留意该地上方，在山脊处行走最安全，千万不要在谷底行走，这是很危险的，漏斗形谷底更是雪崩的堆积场。

登山者应该充分了解不扰动雪层的办法，否则就会诱发雪崩，危害旅游者或高山滑雪者的生命安全。

从雪崩的危险区经过时，要进行一定的防护措施。比

雪崩危险区

如，穿保暖的衣服，戴暖和的手套，必要时，对眼、耳、口、鼻也要进行相当的防护，以免在遭遇雪崩被掩埋时出现体温过低或是吸入雪尘等情况导致死亡。不要将身上的器材系得太紧，以防遭遇雪崩时不能及时予以丢弃。

在逃离雪崩时，千万不要朝着山下跑，因为你就算有刘翔的速度也竞争不过雪崩。应该往地势较高的地方躲避，或是往山坡两边跑。

（四）雪崩预报

1. 雪崩预报方法

雪崩有各种各样的形成原因，相应的也有多种预报方法。详述如下。

（1）因果直观预报法。

野外一般都采用这种直观的方法，用来判断雪崩前兆现象，然后根据物理，主要是力学原理及其影响（例如降雪负荷引起断裂、雪内润滑层形成）判断雪的稳定性。这种方法预报时，输入的资料大部分都是定性的，或者只有部分是定量的。预测人员对当地气候和地形方面的了解很重要，再加上根据经验做出的主观判断和专业技能知识，在实践中培养了预报员的预报素质。因为预报员主要靠的是自己的主观判断，所以，这种雪崩因果直观预报法不可以用来互相研究，只适宜参考。

这种方法也是雪崩预测最简单的一种方法，根据积雪表面的状况，了解关于山坡积雪的知识，可以判断雪崩的不稳定征兆：

积雪断裂：说明积雪的连续性遭到破坏。这种情况很可

积雪崩裂

能触发雪崩。断裂现象是雪板和干雪的特征。

雪球、雪滚和雪卷：出现这些雪体形态则说明山坡积雪处于一种不稳定状态，这也是湿雪的特征。

悬垂雪檐：说明积雪不稳定，发生断裂时就会有触发雪崩的可能。尤其是在山脊上的巨大悬垂雪檐，这更是雪崩危险的先兆。

水分含量较大：雪内水分含量较大是因为雪内连接脆弱。

密实风壳（雪板）：积雪四周有明显的较暗的颜色即是风壳，出现风壳说明这些地方存在雪崩危险。

大量新雪和吹雪：雪后，积雪上面覆盖了大量的新雪或者明显的由风吹来的不稳定雪层达30～50厘米厚，这也是很容易引发雪崩的现象。

在野外，滑雪人员、旅游登山和爆破小组都可以依据专

雪檐

业知识识别以上这些征兆，为预报雪内过程、消融引起的雪崩提供可能。

（2）积雪层结预报法。

在雪崩预报中应用最久的，最常见的是积雪层结探测及其研究方法。主要是根据雪层的类型和强度，来判断雪崩的潜在威胁。具体预报办法如下：

探棒试验法：用探棒进行探测是最简单实用的办法。普通的雪杖也可以拿来作探棒之用。在阿尔卑斯山区则采用特殊探棒。探棒的应用可以获得以下积雪状况信息：积雪深度、下位地表特性、雪层和孔隙是否会对探棒贯穿产生很小的阻力等等。根据探棒贯穿率、雪的贯穿阻力、伴随贯穿产生的声音、积雪深度和下位地表特征，观测员就能够根据自己的经验判断山坡积雪是否稳定。如果判断依据充足而合理，就能够提出正确有效的预报。但是，不足之处是：探棒贯穿的方法有很强的主观性，得到的相关资料也会产生人为的误差。

硬度测试法：利用硬度仪对积雪进行的测试，可以提供相对客观的关于积雪状况的信息。比如，利用积雪硬度的深度变化曲线和相应的积雪层结剖面一起分析，就能够为有无雪崩危险的准确预拍子提供可能。这种方法不仅可以预报因积雪消融而产生的雪崩，更主要的应用是预报与雪内过程、降雪和雪暴有关的雪崩。

沉陷预报法：积雪强度的削弱也会引起雪崩，关于这种情况引起的雪崩，可以用有关雪的强度随时间而降低的图表来进行预测，不过在野外时候则不容易获得这些资料，而且这些参数还会随着积雪的变质作用而变化，也随温度和雪型而变化。所以，我们还要寻找预报这类雪崩，不需要用到积雪强度曲线的其他方法。这样的情况下，积雪沉陷预报法还可以合理利用。

积雪的沉陷有两种方式：第一，逐渐的塑性变形而没有任何的结构破坏；第二，突然不平稳沉陷，造成结构的破坏。一般位于上位的雪层没有足够的压力破坏含有深霜的雪层。即使是在雪的硬度能够承载上位雪层的重量的情况下，积雪也会出现沉陷现象。造成这种现象的原因是积雪在恒定负荷下，时间越长，强度越低，导致结构破坏和积雪沉陷。

探棒预测法

雪暴防范百科

仪器监测到沉陷，就表明脆弱层已经形成。

（3）气象预报法。

任何的天气剧烈变化都会加剧雪崩的灾害性形成。变化越剧烈，雪崩灾害形成的可能性就越大。

气象台的天气预报信息也很重要。因为与大雪、雪暴、大雨、融雪、气温急剧下降等有关的天气，都可能导致雪崩发生。

根据天气预报的特殊天气现象（如下大雪之前），以及对雪崩形成前的天气形势的分析，可以对整个山脉或山脉的部分地区进行雪崩预报。

预报

也可以直接根据气象要素和积雪变化的观测进行雪崩预报。雪崩不是在天气变化之后很快发生的，还需要一段时间的雪内诸力之间相互作用，同时，我们可以利用这个时段形成的时间差来评估这些变化。在雪崩与气象要素有直接关系的情况下，这个时段较短，因此我们可以利用的做出预报的时段也较短。如果雪崩起因于气象要素和雪内过程的组合情况下，这个时段较长，做出预报的时段也较长。

（4）遥感预报法。

随着科技的发展，雪崩预报也可以利用高分辨率的卫星和航空图像技术，通过利用这些技术获取山坡积雪数量及其分布信息，这样就可以为地区雪崩形势预报提供依据。遥感监测能够即时提供大范围的积雪动态资料，这种方法具有其他方法所不具备的作用。此外，积雪监测传感器在雪崩预报中的应用也越来越受到重视。最近，专家开始试着研究利用力学、声学和电磁学传感器来测定积雪向不稳定状态的过渡情况和判断雪崩的断裂时刻。积雪过渡到不稳定状态时，特别是在断裂时，处于复杂应力状态。这时，一般的振荡信号的背景上会出现不同波段信号的汩汩声。但是

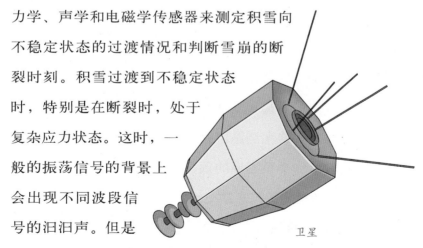

卫星

采用这种方法也有一定的难度，因为目前还没有专门为此目的研制的仪器和判识有用信号的方法。如果采用这种方法来进行雪崩的预测，则预报信息没有时间上的预先性，它只是在雪崩预报自动化系统方面具有一定意义。此外，全层雪崩的发生还有一个很重要的预兆现象，那就是积雪滑动现象。日本学者根据这一原理，预先在山坡表面埋好探测器——齿轮型滑动尺，用来测定积雪滑动速度，以便及时预报雪崩的发生。根据观测结果得出这样的结论：尺的滑动速率正好会在积雪断裂之前急剧增加。于是，我们可以利用这一结论现象，进行雪崩预报。用这一方法预报雪崩释放时间非常好，而且很实用。但是，需要结合气象和雪状况的观测同时进行。

（5）统计预报法。

根据过去积累的大量的积雪、天气和雪崩资料，用数理统计的理论和方法，如概率论与回归法等来进行检验，可找出雪崩发生的统计规律，确定有关参数对雪崩的影响作用。

如果涉及的是大范围地区的雪崩监测时，这种统计方法非常有用。有的雪崩其实是随机产生的，但是这些雪崩的发生时间和广泛分布的观测站网报告的气象天气有关。所以这种统计方法对特殊类型雪崩的预报也是有效的，而且比较客观科学、易于各种相关信息的交流。

（6）数值预报法。

数值预报法因为电子计算机的广泛使用而在雪崩预报中得到普遍推广。数值预报的方法是采用数学方程的数值解来预报雪崩特征变量。例如，根据预期估测的雪崩体积预报，可以建立包含气象参数，尤其是积雪和降雪因子与雪崩路径形成区地貌测量学参数在内的预报模型，其中还需加入雪崩活性特征参数。挪威有学者按照地形参数建立了一个回归方程，用来计算雪崩可能的最大抛程，为挪威军队演习使用提供相关依据。

（7）综合预报法。

综合预报法是最有发展前景的雪崩预报法，会在不久的将来得到广泛的应用。这种方法是从广泛分布的报告网中收集资料作出地区雪崩危险预报。个人的观测经验和因果直观技术都在这种方法中得到合理的应用，能使各个地区的雪崩预报在准确的基础上更加的精确。综合预报方法能够有效地发挥预报人员的主观技能，出现异常条件时，能够灵活地根据实际情况进行变通。

（8）归纳推理预报法。

实际用于雪崩预报的归纳推理预报法，依据其信息理论原则，一般有两种方法的应用可以将雪崩预报实践中的误差降到最小，这两种方法分别为逐步逼近预报法和多余信息预报法。

逐步逼近预报法：逐步逼近预报法的根据是整个冬季积雪稳定性评估的进程，而这种积雪稳定性评估在很多情况下，每天都需要进行订正。如果现在的天气条件影响到以前的评估结果时，需要遵循以下原则：先验理解很重要，要把误差减小到最低限度。预报员追求的理想目标是达到先验理解的极好状态。在实际应用中，每天先验理解的不足会得到新资料（包含雪崩产生的报告）的弥补，通过逐步逼近成为次日先验理解。这种做法已经在预报中心得到应用。如此看来，这种方法最适合在地区或者地方预报中心采用，这些地方能够进行冬季连续的积雪稳定性评估。逐步逼近预报方法还有一个基本原则：不管是任何路径还是任何时候，每次雪崩预报都要从冬季第一场雪开始监测，一直持续到积雪完全消失为止。

多余信息预报法：减小误差的另外一种措施是利用多余信息，这种误差与从自然状态到预报人员在预测过程中出现的不理想资料流程一致。我们可以通过多次重复来减小资料传输中的误差，如果是对雪的稳定性没有进行深入的研究，那就通过对描述积雪结构、力学或者天气要素的资料源进行多次强化的方法进行深入研究。单个资料要素也许不够客观公正，我们可以采用多个要素放在一起的方法以达到减小误差的目的，然后才能做出比较客观准确的预报。要素叠加和相互补充在雪崩预报中频繁的出现、以及预报人员以这样的决心进行探寻，这种方法在归纳推理中必定起着重要作用。常用的预报方法可以在多余信息的基础上，出现足以存在若干归纳推理途径。所以，我们可以采用一种以上的方法进行雪崩预报。

监测

2.雪崩两种预报方式

（1）确定预报和概率预报。

雪崩有确定预报和概率预报两种方式。确定预报，顾名思义，不需要再进行解释。而概率预报是指特定时段内对某一地点出现雪崩可能性的预报。根据这种预报我们得出的是雪崩危险形势、雪崩危险期，或者山坡积雪稳定参数的临界值。

（2）定量预报和定性预报。

雪崩预报按其方式，还有两种分法，即定量预报和定性预报。定量预报提供的信息主要是提供雪崩危险期开始和雪崩产生时间等方面的数量信息，而定性预报则不能精确地断定上述参数的数量信息。到现在为止，我们已经能够制作所有类型雪崩的定性预报，还能够得到和气象要素与积雪消融有关的雪崩定量预报。但是和雪内变质过程以及在恒定荷载下积雪强度降低过程等有关的雪崩的预报通常都有一定的困难，因为对这些过程目前还没有准确地定量描述，但这又是必需的数据，因此，在这方面仍有大量研究工作要做。

3. 雪灾预报分类

雪崩预报法特别需要注意的是它的预先性，按照时效长短，可以分成短期、中期和长期三种预报方法，下面分别进行详细的介绍。

（1）短期雪崩预报。

短期雪崩预报—A：这是一种最普遍的实时预报，针对的是未来12～24小时短时间内的雪崩危险评估，相当于《国际气象词典》中所列的甚短期预报。在冬季大雪期间，通常是根据现时的天气状况进行雪崩预报，其准确度很大程度上取决于山区的天气变化，而山区的天气变化是最难以预报的，这是急需解决的一个很重要的问题。因为对于雪崩危险的短期预报，能够影响很多管理方面的决定。但是雪崩危险短期预报的常见问题是大雪期间积雪是否具有稳定性。大雪期间，不稳定状况出现的时间是不确定的，它并不出现在大雪的早期阶段，而是在降雪临界程度达到之后，接着，危险迅速增加。于是存在一个很常见的误区，当天气状况良好和积雪表面看来很稳定时候，往往低估了雪崩危险发展的速率。

短期雪崩预报—B：相当于《国际气象词典》中所列的"短期预报"。有1～3天的预报时效，是"大雪轨迹预报"。冬季来临，大雪的产生一般都是沿着可识别路径移动的气旋造成的，这都是可以预测的，所以这也是雪崩预报的基础依据。如果出现雪中的不稳定结构（或有潜在危险发生的可能）已被识别，这时候的预报会特别准确。正在气旋中发展的大雪会因为不稳定结构而产生荷载，可通过判断它可能造成的影响，来预测雪崩危险的可能性。在主要积雪层结构相同的大部分地区，通常大雪都会沿着冬季常见轨迹移动，较强的大雪会产生从一个山脉移到下一个山脉的一系列雪崩作用。轨迹上游地区的雪崩作用报告，可以增强我们对下游地区随着降雪出现而发展的雪崩危险预期。

短期预报

（2）中期雪崩预报。

提前3天至2周的预报称为中期雪崩预报。因为积雪的变质作用引起的结构变化造成短期间隔的雪崩危险，也可以称为"变质作用预报"。比如说，低温时的不稳定雪板、充分结块之前的不稳定霰层、或者使得新雪板变得脆弱的建设性变质作用。这种结构方法主要凭借的是较长时间的天气影响，所涉及的变质作用变化则可能是复杂的、难以预测的。这种预测方法需要有积雪特性方面的专业知识，才能根据对雪内作用的合乎逻辑的结构变化及其对积雪稳定性的影响进行预报。变质作用预报在技术上是很难的，所以需要有丰富的积雪物理知识，多采取因果直观法。

（3）长期雪崩预报。

长期雪崩预报指的是时效2周至3个月的预报。这也叫做"冬季雪崩预报"，主要的依据在于判断评测雪的持续结构形式，特别是形成持续不稳定的深霜结构。冬季早期形成的深霜或者诸如表霜一类的脆弱润滑层，当上面积攒了足够的积雪负荷时，最终将会导致某种雪崩。未来长达2~3个月的冬季未被预见的天气，是否会为雪崩的形成创造有利因子，这是雪崩产生的最大必要条件。即使不知道雪崩产生的确定时间，但是可以准确地预测雪崩是否会出现。根据11月和12月形成的积雪结构，往往可以预先描述1月以前的冬季雪崩状况："雪崩平安无事的冬季"，或者"雪崩难以对付的冬季"。另一方面，结构方法就是这种判断的基础，在此基础上，利用因果直观法进行判断，就能得到很好的统计分析结果。在一些地点已经积累相当长的积雪结构时间剖面记录，能够检验某些结构形式和冬季雪崩作用之间总的关系。

长期雪崩预报

三、雪灾的预防与自救

（一）冰天雪地遇险自救措施

在我国，东北、华北和西北地区通称为寒区，此地区有着较低的气温、较长的雪期、较大的温差。在进入寒区和雪地之前，除了要穿足够御寒的衣物外，还应该随身携带一

应急物品

些应急物品，如蜡烛、防水火柴、太阳镜和搭窝棚用的防水布等。如此，即使你在寒区遇到危险，除了摆放国际通用求救信号来寻求救援外，也能作为防寒冷与冰冻的物质，否则，遇险者的生命就会受到威胁。但是，最为有效的方法还是在平时了解并掌握一定的冰天雪地中自救避险的基本知识。

（1）建造能够御寒之地。

如果你不小心被困在冰天雪地里，也没有可以御寒的帐篷，那么，千万要沉着冷静，在心中默想一下平时学到的自救知识，然后因地制宜，找出能够运用的材料，建造一间能够御寒防风的雪屋。千万不要在雪崩可能发生的地方和崖壁的背风处搭建，应慎重考虑什么地方较为安全可靠，比

帐篷

如，有大树覆盖下的山脊上就是一个不错的地方。而搭建最为简单的方法就是将大片的树枝摊在地面上，然后在上面铺上雪，并将其压实，如果有条件的话，最好将兽皮或者是帆布之类的物体放在树枝外层，同时，也要用雪铺好并压实，这样，在一个小时以后，就可将树枝撤去，一个简单的雪屋就能够建起来了。如果你遭受了风暴，而在短时间内又不能得到营救，这种简单的避险所就是为自己的生命争取时间的好场所，应该立即搭建。在雪屋内，可以适当地进行烤火取暖，但仍需注意一氧化碳中毒，如果有能够吃的食物，就选择一平坦之地，再在迎风面设置一道雪墙用来御寒，便于点火加热食物。

（2）防止冻伤。

处于严寒地带，尤其要注意的是冻伤情况的发生。最为有效的办法就是保持四肢的干燥，且用动物的脂肪之类的油脂进行涂抹。但是，对于冻伤的肢体，切忌用雪、煤油、汽油或酒精涂擦，此外，也不要对其进行按摩。

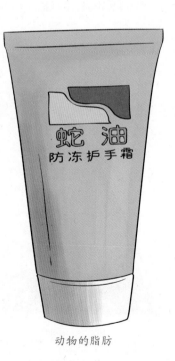

（3）饮水和食物。

处在冰天雪地，如果缺少干净的水和食物，不要用雪水解渴，因为雪水中缺少矿物质，会越吃越

动物的脂肪

渴，即使将其烧开了再喝，也会对人造成一定的危害，如腹胀或腹泻。不过，如果用雪水做成菜汤，那么，这一问题就不存在了，不过，在这茫茫雪海很难做到。解决饥饿的办法就是捕捉动物，特别是那些处于冬眠状态的动物，因为它们此时对人的威胁度比较低，捕捉起来比较容易。

1. 家里、户外应对雪暴的不同方法

如果在家听到冬季风暴警报，就一直呆在室内。除非遇到非出去不可的事情，不然，不要安排任何行程。如果是在户外，马上寻找藏身的地方，因为在户外遭遇雪暴存在死亡的危险。

在家要关紧家里不用的房间门窗，将门缝用毯子或者毛巾塞严，这样可以保存一些热量。关严窗户，晚上把它们遮盖起来。多穿几层衣服进行保暖，尽量穿宽松的衣服，避免出汗，多喝水，规律饮食。

如果身体健康，具有防范意识，风暴减弱时可以到户外活动，但不要用力过度。如果不年轻，并且身体虚弱，不要去铲雪。因为铲雪是很辛苦的活，用力过大会导致心脏病发作。戴上帽子、手套、耳罩或其他保护耳朵的东西，保护鼻子和嘴，让吸入的空气在到达肺部前暖和一些。如果活动的时候感到热，就脱掉一层衣服。因为出汗会使衣服潮湿，会让你浑身冰冷。

如果在大雪或者雪暴时不得不到户外，救生绳就派上

将门缝塞严

用场了。把绳子一端系在腰上，然后从屋里一点一点把绳子放开。

如果暴风雪来临时，正在户外，并且不幸的是离建筑物很远时，可用能找到的材料搭个防风墙来避风，防止被打湿。如果雪足够深时，可以挖个雪坑，呆在里面。如果能找到可以点燃的东西，就生堆火。这样可以取暖，也容易让人发现。要能找到石头，就放到火周围，石头会吸收热量，让人感觉更暖和。

躲避暴风雪时，要戴上手套，把围巾裹好，用它盖上鼻子和嘴。把身体所有露在外面的部分都盖起来。要是渴了，不要直接吃雪，因为那样会降低体温。正确的做法是把雪融化后喝雪水。

2. 被暴风雪困在车里的自救方法

如果暴风雪来临时，正在驾车，车又困在雪里，要做到以下几点：

（1）呆在车里，不要离开。

如果不能清楚地看到目的地，不能轻易到达，为了确保安全，一定不要离开车。因为在乡村地区，找一部车要比找一个人容易很多，而且在能见度很低的情况下，人很快就会迷失方向。

（2）尽量让车子很显眼。

在长棍或天线系上红布，红布在高处飘动。晚上让车内顶灯亮着，如果有车外顶灯，晚上引擎运转时把它打开。这样救援人员容易发现。

（3）每小时开动引擎不超过10分钟，保持暖气开放。

这样可以为长久地等待节省燃料。引擎运转时，可以打开点窗户，排出一氧化碳。每次启动引擎前，要确保排气管没被雪堵塞。

在高处飘动红布

（4）等待救援时，要活动身体保持温暖。

踩脚、拍手、摇动胳膊，尽量用力地活动脚趾和手指。饮食要有规律。可以喝融化的雪水，但不要吃雪，因为吃雪会降低体温。

（5）保持清醒，不要睡觉。

睡觉的时候，身体内部温度会下降，这在极度恶劣的天气里非常危险。听收音机、大喊、唱歌，以此来克服睡眠。如果保持清醒的头脑，待在车里，沉着应对，你的生命不会失去得太快。

一定要记住，人们正在寻找你。如果你留下了行车路线的详细信息，营救人员会寻迹而来，救你脱险。如果呆在

车里，几乎可以避免因寒冷而死亡。在雪暴或暴风雪到来前做好充分准备，知道应采取什么样措施，并能付诸行动。穿着要适当，沉着冷静，谨慎应对。当雪停风止，气温再次回升时，你会因这段特殊的经历感觉更棒，也会更加珍爱生命！

3.暴雪天气外出时注意事项

如果出现暴雪天气，大家应该尽可能在室内呆着，若非出去不可，也要做好相应的防护措施，避免受到伤害。如蹦蹦跳跳、摸摸脸，揉揉鼻子，抚抚耳朵，伸伸手指和脚趾等，尽量让身体的各个部位活动开来。但是，在活动的时候不要做太剧烈的动作，以免出汗，以至于外出时吹到冷空气，可能引起感冒。同时，也要特别注意以下几个方面：

如果暴雪来临时你正在室外，在行走时为了避免砸伤，要远远地避开老树、广告牌、临时搭建物等。如果不能绕道通过，而要从屋檐、桥下等处经过时，也要小心地观察周围的情况，以免受到因融化而脱落的冰凌的伤害。

骑自行车的学生如果在上、放学的路上遭遇到暴雪天气，要适当地将轮胎放少量气，以便使地面与轮胎的摩擦力加大，避免滑倒。

在外面的行人，要服从交通疏导的安排，听从交通民警的指挥。

广告牌

为了不耽误出行，要随时留意天气预报和相关的交通信息，如对机场、高速公路、轮渡码头等停航或封闭信息的报道等。

倘若已经有交通事故发生，为了避免出现连环撞车事故，应该将明显的标志设置在事故现场后方。

冰凌

4. 冻伤后快速自救方法

在雪灾中，人们常常受其伤害，造成不同程度的冻伤，冻伤有四度之分。

一度冻伤：常见的"冻疮"，此时造成的伤害是所有冻伤伤害中最轻的。冻疮能够损及皮肤的表皮层，使受冻部位的皮肤有红肿充血的现象，并且，有痒、热、灼痛之感。但是不用担心，数日之后，这些症状会消失，愈合的伤处除了表皮会脱落外，一般不会有瘢痕留下。

二度冻伤：此类冻伤会把皮肤的真皮浅层损伤，冻伤后的皮肤除了有红肿的现象外，还有水疱出现，水疱内的液体为血性液，深部还有水肿、剧痛出现，皮肤有迟钝之感。

三度冻伤：此类冻伤伤及的是皮肤全层，皮肤被冻伤后不再有疼痛的感觉，甚至难以愈合，而且，皮肤会变成黑色或紫褐色，除了会有瘢痕遗留外，在较长时间内，周围的皮肤可能会有疼痛之感或过敏现象出现。

四度冻伤：此类冻伤最为严重，能够把人的皮肤、皮下组织、肌肉，甚至骨头损伤，会有坏死和丧失感觉现象出现，在伤愈后，可能会形成瘢痕。

冻伤指的是人在长时间内处于低温环境中所受到的伤害事故。对其进行救治的首要是将冻伤部位的血液循环恢复过来。人体产生冻伤主要发生在手、脚、耳朵等部位。被冻伤的人，尤其是局部或全身冻伤的人，倘若对其进行的紧急

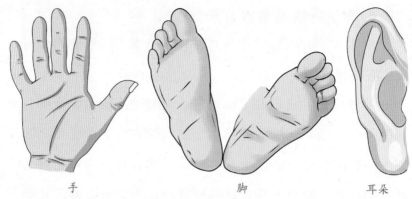

手　　　　　　　　脚　　　　　　　耳朵

护理或抢救不及时，通常会引起严重的后果，如致残，甚至死亡。

假如有冻伤情况出现，应该迅速撤离寒冷的环境，如果条件允许的话，要将身上潮湿的衣物脱去，再置身于温水中逐渐复温。

对于冻疮的处理，除了对其进行复温、按摩外，还可涂擦辣椒水或酒精，或者用各种冻疮膏或5%樟脑酒精涂抹。

当造成的二度冻疮出现水疱时，可用消毒针穿刺水疱，抽出里面的液体，再用冻疮膏对其进行涂抹。

如果出现四度冻伤，那么抢救治疗必须在保暖的条件下进行。

对于全身冻伤非常严重的病人，必要的时候，可以对其进行人工呼吸，补液，以增强其心脏功能，使之避免出现休克。

如果在家中发生冻伤状况，首先要做的就是尽快恢复冻伤部位的温度，但是，千万不要用火盆或火炉去烤冻伤部

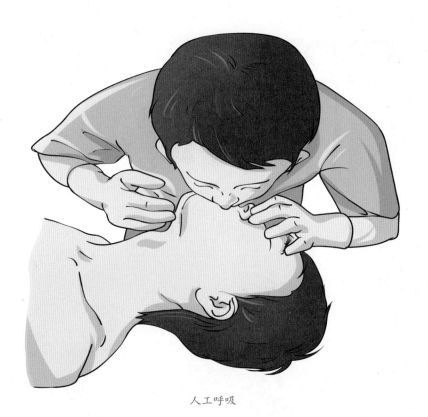

人工呼吸

位，最为有效的方法是将患处用温水温敷或将其浸泡在温水中，水温最好不要高于45℃，要控制在38～42℃之间，否则非但不能带来任何帮助，还会引起烫伤。快速对受冻部位进行复温，缩减受冻时间，使局部血液循环迅速恢复过来，可以最大限度地缩小组织的坏死范围。复温的时间最好为5～7分钟，最长不能超过20分钟。当冻伤处的皮肤恢复正常的感觉和颜色后，就可以不再对其进行复温了。为了避免水肿和减轻组织的损伤，受冻的伤肢应该被稍微抬高一些，并用适合的工具将其固定起来，所进行的活动也要有一定的限制。如有必要，在其复温后，还要到医院里进行进一步的治疗。

复温

5. 平房区居民面对雪灾时的应对措施

居住在平房里面的居民在接到大雪黄色预警后，要准备充足的饮水，同时，室内外的水管要用棉布、破旧的衣物等保暖物包起来，以免被冰冻不能接水。

将平房的屋脊加以固定，防止被积雪压塌。

不要冒风顶雪修葺屋顶，因为这样非常危险。即使屋顶有漏洞，也要等风雪停止后才能对其进行修葺。

大雪将大地覆盖，居民在屋内取暖时，一定要注意炊烟倒灌，从而引发一氧化碳中毒的情况出现。

对于生活上的垃圾要有专门的地方进行处理，对于污水的管理及排放也要进行适当的处理。

供电线路可能在大风雪中受到影响甚至遭到破坏，为了防止触电情况的发生，居民们进出门时，要特别小心可能或已经被风刮断和被雪压断的电线。

6. 野外遭遇风雪如何避寒

外出前，如果收到风雪即将来临的预报，要做好相应的准备措施。如果不幸在野外遭遇到风雪应采取以下自救措施：

如果是乘车外出，发生积雪封堵现象，要立即用移动电话等通信工具向交通管理部门求救。

制造声音求救。如果看到救援人员，可大声呼喊。如果没有看到救援人员，要想在救援人员到来前，不致于冻死、饿死，就要尽可能地保存体力，可借助棍子、石块等物品敲击，发出求救声响。

要因地制宜，利用当地可用的材料，如石头、树枝等物在白天摆出SOS求救信号。

在夜晚，用前面所介绍的方法搭建可以避寒的雪屋

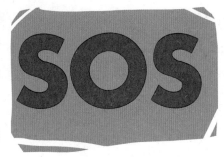

SOS求救信号

雪暴防范百科　Xue Bao Fang Fan Bai Ke

或在雪地上挖一个入口略有弯度的雪洞做为藏身之处，最好在洞口用树枝或棉布将其遮掩起来。

白天，可用火柴、打火机等把树枝点燃，将潮湿的柴草、树枝等放在火堆上，以确保有烟冒出，也可燃烧三堆火焰，将其摆放成三角形，这是国际上通用的求救信号。在晚上，可用一些干柴点火，火越旺越好，用以保暖。

可在地上摆出或用脚在雪地踩出"FILL"发出对空求救信号，这是国际通用的紧急求救信号，对于每个字母间的长宽和字母间的距宽，有一定的规定，即各字母长10米，宽3米，字母间的距宽3米。

7. 在野外搭建避寒场所

进入雪地和寒区之前，应随身带有防水蜡烛、火柴、太阳镜和搭窝棚用的防水布。

太阳镜

如果遇到暴风雪，应马上建一个避寒场所自救。以最快的速度建一个雪洞或窝棚来御寒。

搭建帐篷时，首先要选择安全的地点。千万要查看清楚，一定不要建在有可能发生雪崩的地方。可以选择在有大树覆盖的山脊上。

不要将帐篷搭在崖壁的背风处，因为在这种地方，风会很快吹起大量的雪，将帐篷埋没。

在雪层较薄的地方，要先将架设点的雪打扫干净，如果在雪层比较深的地方，应将雪压平压实。如果暂时不移动，为了更好地抵御寒风，可以在雪中挖坑埋设帐篷。

选择在开阔的地方搭帐篷。在迎风面设置一道雪墙，既可以御寒，又便于生火做饭。

雪墙

8.汽车在风雪中"抛锚"

在风雪中，汽车极易"抛锚"，特别是长途客车，要尽力保证乘客的安全。

将车窗关紧，尽量保持车内温度。

交通公司应紧急启动恶劣天气预案，将不适合超低温的普通的柴油抽出，替换成防冻柴油。

冰雪路面起步困难，可在车轮下垫些杂草、麻袋等防滑之物，若还是不行，就不要再强行起动，防止损坏轮胎或发动机。

长途客车

9.风雪中脱水容易被冻伤

风雪中严重脱水，会大大增加被冻伤、冻死的可能性。最及时有效的解决方法就是补水。

在雪灾中，要保持足够能量保持体力，要防止因脱水而造成的各种身体损害。

进入雪山高原地区，许多登山者为了减轻颅内高压，防止脑水肿，有意识地使自己处于脱水状态，这种方法极不可取，因为脱水容易使人冻伤。

可以随身携带水瓶，每隔五分钟喝一点，每次不能喝太多，但也不能不喝，否则会危及生命。

（二）摆脱"白色妖魔"的控制

雪崩能摧毁森林，掩埋交通线路、房舍、通信设施和车辆，甚至可以堵截河流，导致临时性涨水的情况发生。它还能引起山崩、山体滑坡和泥石流等可怕的自然现象。

运动速度大的雪崩，冲击力非常大，有时它能让一个被撞物体表面承受40～50吨的力量，世界上没有哪种动物可以经受得住这种冲击力。人一旦遇到它，后果不堪设想。因此，雪崩被列为积雪山区的一种严重自然灾害。

1. 雪崩来临时的应急措施

如果连续降雪24小时，就可能发生雪崩。雪崩一般是爆发在山顶上的，当它倾泻而下时，有着巨大的力量和极快的速度，能将阻碍它奔流的许多东西卷走，它的力量能持续很久，只有到了广阔的平原才渐渐消失。雪崩之所以能够产生巨大的破坏力，主要的依赖就是雪流能驱赶它前面的气浪，造成房屋倒塌、树木折断、人畜窒息等，它的冲击力比雪流本身的打击更危险。

当山坡上的雪下滑的时候，有时候会缓缓流动，就像一堆没有凝固的水泥，这种情况通常不会造成很大的危害，因为它在下滑的过程中可能会被岩石、树林等稳固的障碍物阻挡去路，但是，如果出现大量的积雪疾滑或崩泻时，就会挟带强大的气流往山坡下冲去，形成板状雪崩，造成极大的危害。不过，无论哪种情况出现，都必须远远地避开雪崩的倾泻路线。

除了对雪崩的工程防护措施进行相应的加固外，平时了解并掌握一套安全的自救方法，就能够减少或避免雪崩发生造成的损失，这对于地处雪崩灾害区域和在高山冰雪地区旅游、登山的人来说，有着十分重要的意义。

雪崩来临时，应采取哪些应急措施呢？

雪崩速度极快，可达200千米／时。当遭遇到雪崩时，如果你正处于山坡上，要果断地将身上所有笨重的物件抛弃，如背包、滑雪板、滑雪杖等，这样即使深陷雪中，也不会受到这些东西的负累。

要迅速而冷静地判断当时的形势，千万不要朝着山

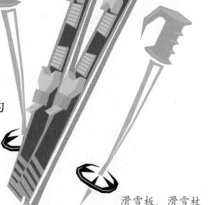

滑雪板、滑雪杖

下跑，那样会有被雪崩埋住的危险，而应向地势较高处转移，或者往山坡两边跑。如果当时你是在雪崩路线的边缘上，可以滑雪逃生，快速地逃离险境。

雪崩造成的气浪冲击比雪团本身的打击更危险，如果你没有跑过雪崩的把握，那么，应该及时地闭口屏气，以防冰雪涌入咽喉和肺部引起窒息，这是逃离威胁最重要的一点。

在雪崩发生时，积雪会大量地朝着山下倾泻，倘若你遭遇的并不是很大的雪崩，那么，周围的坚固物体，如矗立的岩石、挺拔的大树等，就是你逃命的工具，因为它们不会被摧毁于小的雪崩中。

如果已被倾泻的积雪冲到了山坡下面，那也不要灰心丧气，一定要想法设法地爬到冰雪的表面，因为被冰雪压住的机率越小，就有越大的逃生机会。你可以用仰泳或者狗刨式泳姿逆流而上，此时，你要用双手挡住石头和冰块，尽快逃向雪流边缘，同时保持清醒，等待救援，如此一来，逃生的机会就会大大增加。

如果被雪崩卷走，那也要扭动头部，双臂也应尽力活动开来，做游泳姿态，以避免胸部受到过大雪压，同时，也可以争取出空隙来，不至于很快窒息。

雪崩造成的气浪冲击力很强，如果人们不懂得如何趋避，就会受到伤害。在遇到雪崩时，为避免受到气浪的冲击，即使处于雪崩路线以外，也要赶紧闭上眼睛、捂上嘴巴、掩好耳朵。

如果不幸被雪埋住了，当感觉到雪崩的速度趋于缓慢时，就要努力地破雪而出。因为雪崩一旦停下来，在几分钟内，碎雪就会凝成硬块，如果不能及时出来，手脚就会被束缚，难以活动，使得逃生难度加大。

如果雪堆很大，一时之间没有办法破雪而出，那么，也应该尽可能地将呼吸空间制造得更大一些，如双手抱住头部。同时，也要确定自己是否是倒置的，确认的最好办法就是让口水流出来，看唾液是否流向鼻子，如果是，就表示身体倒置了，那么就要迅速地将上方的雪破开，自我救助。

假如实在冲不出去，就要放慢呼吸，尽可能放松身体，以免消耗过多的热量和氧气，争取在雪堆中多存活一些时间，等待救援人员的到来。

2. 遭遇雪崩采取的自救互救措施

（1）遭遇雪崩时应采取的自救措施。

如果遭遇雪崩，首先一定要冷静。根据当时当地的实际情况，采取有效地自救措施，具体方法如下：

雪崩会产生类似爆炸的气浪，有很大的伤害力。如果有气浪有卷起的雪尘袭来时，应该背向雪崩气浪，双手捂住口鼻，向下卧倒。

假如雪崩发生在脚下或脚边上方的山坡，这时为了防止被雪撞倒，可以迅速地借助树枝或原地腾空跳起。雪崩不是很大的话，就可以安全落回原地。

如果雪崩以较慢的速度从山坡上方袭来，需要一段时间才会赶到，可以利用这个时间差，马上就近逃出雪崩可能波及的范围。

在周围寻找陡崖、树木和灌木丛等物体，寻求庇护。如果周围没有这些物体，就跑向雪崩路径较近的一侧边缘，尽量远离中心地带。位于雪崩路径同一横剖面不同位置的遇难者，受到的雪崩伤害是不一样的。在雪崩路径两侧的人比位于中心线上的被埋机率要小得多。

如果已经来不及逃脱雪崩，要果断地将身上的背包、滑雪板、滑雪杖等笨重物体抛弃，以防止摔倒时候手脚受到束缚，身体前倾摔倒，也可以减少从雪中挣脱出来的阻力。

如果雪崩来势不是迫在眉睫，还有一定的缓和空间，则应利用一切能够利用的东西想办法增加留在雪面的机会。一

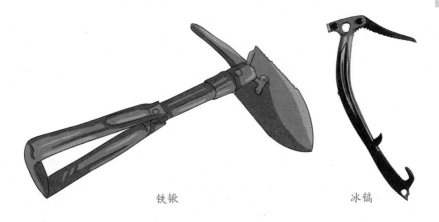

铁锹　　　　　　　冰镐

般情况下，滑雪者可以利用铁锹、冰镐、雪杖和花杆等撑住身体。只要没有被雪崩的前锋扑倒，即使被锋后积雪绊倒，也能增加留在雪面的机会。

（2）被卷入雪崩怎么办。

如果不慎卷入雪崩，马上闭紧嘴巴，使劲摆动身体，尽量使身体能留在雪层表面，然后爬向雪崩路径边缘。

如果雪块很大，可以爬上较大的向下崩塌的雪块，这样可以增加生存机率。

在向下崩塌过程中，为防止雪尘呛进呼吸系统，遇难者应该尽量捂住口鼻。这样即使被埋在雪下，呼吸道也不会呛入积雪粉尘，造成窒息。

感觉到雪崩运动停止后，要想办法从雪下挣脱出来。如果不能露出表面，必须保持镇静，避免恐惧，减少氧气消耗，尽可能地延长幸存时间，为营救创造条件。

（3）目击者应采取的救助措施。

没有卷入雪崩的幸存者或者事故的旁观目击者，应该马上采取妥善的援救措施。

首先，可以进行一次迅速、大致的搜索。自己避灾的同时，要用心记住同伴被埋藏的大致位置，最好能够标出遇难者卷入雪崩和被埋的地点，或者记住临近某些固定地物的位置。

其次，如果不能确切地知道遇难者的被埋方位，必须马上组织救援，利用现有条件进行搜索。

3. 随身携带安全装备

在雪崩多发区或可能出现雪崩的地方，最好能够配备雪崩绳、登山绳、探棒、雪铲和无线电收、发报机等。一旦遇到雪崩，不但可以自救，也便于救援人员的及时援救。

（1）雪崩绳。

雪崩绳是一种红色的尼龙绳，质量很轻，绳长20米，直径1.5厘米。在登山用品店或体育用品商店都能买到。把绳子的一头系紧绑在腰上，另外一段拖在身后。如果不幸被雪掩埋后，绳的自由端因为质轻，一般会留在雪面。营救人员只要发现雪崩绳，就可以循着雪崩绳找到被埋遇难者。

雪崩绳最早出现在19世纪初。这种办法一直都被认为是比较有效的雪崩预防措施，现在已经得到广泛推广。雪崩营救资料中，有很多因为配带该绳而在被埋后得救的先例。

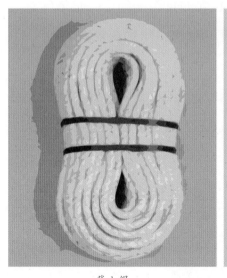

登山绳

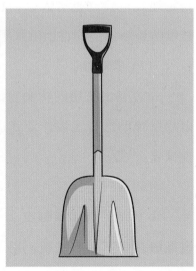

雪铲

但是使用雪崩绳也有一定的局限性，20世纪70年代初期很多人怀疑雪崩绳是否能够达到被发现被拯救的效果。根据瑞士雪崩研究所的试验结果发现，完全被埋的遇难者中，只有40%的遇难者雪崩绳能够留在雪的表面。在干雪崩的发生过程中，降落的浓密雪尘，总会埋没雪崩绳的自由端。但是，经验丰富的滑雪者和登山者随身携带雪崩绳，也还是很有必要的。

雪崩绳除了用于实际营救，还有其他的作用：提高登山者、滑雪者的警惕。扎绳者一般都会因为身扎雪崩绳而有强烈的危险意识。比如时刻保持警惕或充分考虑存在的危险，重新选择路线等。雪崩绳还可以用做彼此间距的尺度和保持队伍的连贯性。空气透明度不好或坡度陡峭时，后面的人可以根据该绳自由端判断与前面的人之间的距离以及前面的人是否遇到危险。也有人认为在绳的自由端绑上一只氢气球，能够防止雪崩绳的自由端被雪尘埋没，增加获救机率。

（2）登山绳。

一般登山使用的特制登山绳，不仅结实，而且质轻，可以用来辅助进行雪坡作业，进入雪崩形成区或进行积雪稳定性试验。

（3）探棒。

由坚硬的金属棒制成，一般都能折叠。一些特制的雪杖也能够接成不同的长度，用做探棒。探棒是寻找雪下遇难者极为重要的救援装备。

（4）雪铲。

雪铲是用来挖雪、营救雪下遇难者的，要结实，而且质轻。在雪崩危险地区通行和作业，雪铲是必不可少的装备。雪崩灾害史上，曾经有过这样的悲剧：利用无线电技术和工具能够迅速及时地确定出遇难者雪下位置，却因为没有带雪铲而不能展开救援工作，从而耽搁了营救的时间，造成了不必要的悲剧。

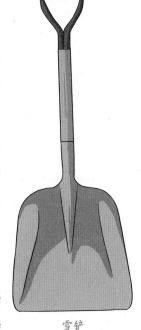

雪铲

（5）无线电收、发报机。

无线电收、发报机是一种既能接收，又能发射的无线电装置。配备这种装备的人，出发之前要把无线电装置调至发射状态。如果有人被埋，幸存者或同伴只要把各自的无线电装置调至接收状态，并按照一定的程序确定无线电信号源地，就能及时发现遇难者的具体位置。无线电收、发报机是最有效的保障雪崩安全的救援装备。

4. 雪崩伤亡原因

（1）窒息。

遇难者被埋以后，在雪下呼吸环境和呼吸系统状况是其幸存与否的关键，窒息是引起死亡的主要原因。被雪崩掩埋以后，身体周围空气很少，再加上积雪压迫咽喉和胸部，从而加速窒息死亡。埋在雪下，只有极少数人能够挪动身体进行自救，绝大多数人都不能理顺姿势进行自救，就像被浇注在混凝土中一样不能动弹，只能等待得到救援人员的及时营救。如果没有人来营救，生还的可能性很小。

被埋雪下以后的各种窒息类型：

咽喉、胸部受压窒息：如果遇难者被积雪埋得较深，其咽喉和胸部则会受到积雪的压迫，造成呼吸困难从而迅速死亡。如果雪崩中的雪层密实紧致，则压迫作用更加强烈。

呼吸系统阻塞窒息：被埋入雪下以后，人会产生恐惧，这是一种很自然的本能反应，由于恐惧而大喘气，吸入大量积雪，则会加速死亡进程。在卷入雪崩、向下运动的过程中，呼吸系统也会吸入积雪造成窒息。

氧气耗竭窒息：被埋雪下以后，生存空间狭小，空气也很少，在雪下呼吸，周围氧气逐渐耗竭。这种窒息过程，会持续一个阶段，持续长短取决于积雪孔隙率和空气含量。失去知觉可以减少大脑对氧气的消耗，可以延长幸存时间。雪下低温环境，也可以减少氧气消耗，从而延长幸存时间，为成功营救创造有利条件。

（2）外伤。

撞击：遇难者跟随雪崩向下运动，雪崩中所含的石块、冰块、树干以及雪崩路径中的障碍物如树干、基岩露头、坚硬物体等，都可能对遇难者造成伤害。

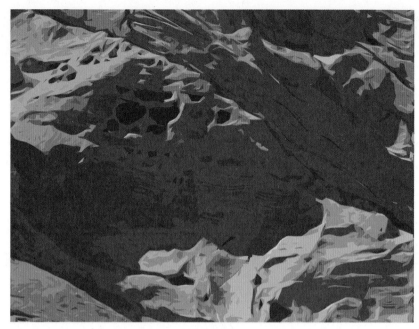

风化石块

击中：雪崩的气浪和飞泻气势能够荡涤山坡上的坡积物和岩石露头上的风化石块，遇难者可能会被由此产生的飞石击中而受伤。

压力：雪崩气浪和雪崩本身的压力，能够对人的肺部或其他器官造成伤害，严重的会致死。

总之，雪崩伤亡事故中，会对身体造成各种各样的伤害，如头部和腹部受伤，颈椎、腰椎和肢体折断等。

（3）恐惧或惊骇。

因恐惧或惊骇而产生的死亡和咽喉痉挛、呼吸系统吸入呕吐物有关。人体中，迷走神经支配心脏跳动，而迷走神经在身体某些部位受到刺激时，也会出现以下症状，如呕吐、咽喉痉挛、心跳缓慢等。被卷入雪崩时，即使吸入少量积雪，位于口内舌部的会厌部分也会产生强烈刺激，引起迷走神经强烈反应。被埋在雪下的时候，咽喉痉挛是致命性的。由于缺氧，会导致死亡加速。有时候在这种情况下，遇难者会出现呕吐并吸入呕吐物，从而加速窒息。

（4）低温和衰竭。

卷入雪崩或被埋入雪下以后，遇难者由于处于低温环境会消耗大量热能，体力逐渐衰竭，如果得不到及时营救，会导致死亡。

（5）滞后休克。

有些得救的雪崩遇难者，有时会死于滞后休克。下面就是一个典型的事例：英国一个很年轻的边地警卫，在1962年4月18日上午发生雪崩时，被埋在餐厅，雪深6米。19日下午得救，伤势很轻，住院期间一切正常。22日晚，这个年轻人突然感到心烦意乱、神经紧张，最后死亡。验尸表明，他死于滞后休克，没有其他特殊原因。

露天卷入雪崩的遇难者，将近20％的人因为窒息或者外伤当即死亡。其余80％的人生命是否能够获救取决于被埋时间和深度。埋深超过2米，能够存活的机率就很小了。雪崩遇难者被埋两小时还没有被发现，或者埋深超过2米，存活的机率则小于20％。埋在建筑物内的遇难者，其幸存机率远远大于完全被裹在雪中的，因为被埋在建筑物内，只要当时没有被重物重击受伤，就还有一定的生存空间和呼吸渠道，而被裹在雪中或压在雪下遇到的最大问题是不能呼吸。

遭遇雪崩时，如果是整个身体被裹在雪中，则幸存的机率非常小。滑雪遇难者总幸存机率小于1/3。因为滑雪板和手杖相当于加长滑雪者四肢，被卷入雪崩将会导致旋转运动的改变。迫使遇难者脸朝下栽入雪中，因吸入大量雪尘或没有氧气供给而窒息死亡。

上述情况都是雪崩发生后一般会出现的伤亡情况。有时候也会有奇迹发生，坚强的毅力和强壮的体魄，有利于遇难者获得幸存。例如，1951年1月20日，奥地利的一个水电站附近发生了雪崩，一个26岁的缆车工被埋在室内。他凭借自己强壮的体魄和坚强的毅力与死亡进行了12天的殊死搏斗，终于在2月2日中午通过自己挖成的通道爬出雪洞而得救。获救以后，医生给他做了完整细致的检查之后发现，这个小伙子的双脚三度冻伤，患膀胱炎、肺炎和肾炎，视力也遭到严重损害，体重减轻30千克。医生给他做了截肢手术，在膝盖以下装上假腿，并且完全恢复了左手功能。半年后，小伙子重返工作岗位。

我国也有这样的奇迹：1994年3月10日下午5时许，国道312线新疆天山果子沟附近爆发雪崩，一辆中型客车被埋在雪下。6天以后挖出时，14人已经死亡，3人依靠吃雪充饥，奇迹般地活了下来。

由此可知，雪崩遇难者遭遇雪崩以后，即使被埋很深，时间较长，也不要轻易放弃希望，要积极自救。此外，只要遇难者还有一线救活的希望，都应设法尽力寻找和营救。

（三）搜索雪崩遇难者

雪崩搜索和成功营救在雪崩施救中具有同等重要的意义，因为雪崩搜索的目的在于尽快地找到遇难者，并为营救创造有利条件。所以，各国学者都很重视这个问题，只有雪崩搜索工作有所突破，营救才会变得更有把握。不过，遗憾的是，很难确定各种不同重量、形状和密度的物体在雪崩中的堆积模式，也许，这种模式根本就不存在。雪崩覆盖范围广阔，雪崩作用堆积出很多的雪堆，其中，有些雪堆又大又深。因此，雪崩搜索工作难度较大。为此，掌握雪崩搜索原则和方法，对及时营救遇难者非常重要。

雪崩搜索的原则和方法，以及搜索的地点、范围、步骤和难易程度，都取决于遇难者卷入雪崩的遇难类型，而且根据这种遇难类型还可以确定遇难者的埋藏方位。

1.雪崩遇难类型

雪崩遇难类型是指具体人员卷入雪崩的地点和场合类型。雪崩遇难可以分为以下四类。

（1）雪崩表面遇难。

雪崩结束时，这类遇难人员处于雪崩雪堆表面。遇难者也许一直处于雪崩表面；也许曾经被埋，以后被雪崩翻到雪崩表面。对于雪崩表面遇难人员来说，机械损伤或窒息会导致伤亡。不过，总的来说，这类搜索目标相对比较明显。

（2）雪崩埋没遇难。

按照埋没地点和卷入地点之间的关系，分为两类：埋没地点和卷入地点一致遇难。由于受到迅猛雪崩的袭击，遇难者立即被埋，或者被雪崩前锋绊倒被埋。埋没地点和卷入地点不一致遇难。在卷入雪崩向下运动的过程中，在雪崩表面停留过，然后被埋，并随雪崩向下运动。

（3）载体内部遇难。

司乘人员驾驶汽车或火车等交通工具在一定线路上运行时遇上雪崩，属于载体内部遇难。汽车或火车有时仍然留在路上，没有被雪流冲走，有时则会被卷入沟谷。1986年4月，国道217线新疆天山玉希莫尔盖山隘附近一辆军车被雪崩积雪掩埋。当时，汽车仍然留在路上，这类搜索目标比较明显，能够很快发现并及时施救。但是，只有两名战士幸存，七名战士牺牲，所以说，一些动态因素的影响也不容忽视。

（4）室内雪崩遇难。

雪崩发生时，房屋倒塌或者帐篷被压垮，遇难者和建筑物瓦砾或帐篷同时被埋或一起被冲走。或者房屋部分损坏，造成遇难者被埋。相比之下，雪崩发生后室内遇难者幸存机率略高，因其脸部和胸部前面往往有些空间。同时，搜索目标确定，局限在一定范围，容易施援。

雪暴防范百科

Xue Bao Fang Fan Bai Ke

2. 搜索雪崩遇难者原则

如果是在雪崩表面遇难，其搜索目标明显，搜索工作则相对较简单。一旦找到遇难者，便可立即进行抢救和治疗。其他类型的遇难者，大多数埋在雪下，雪下方位不确定，搜索工作复杂且费时、费力。专家针对雪崩堆积做了详细观测，再加上长期在雪崩营救实践中积累的丰富的资料和经验，提出了以下实践中可以遵循的雪崩遇难搜索原则：

集中精力搜索遇难者衣物和装备出露的雪堆地区，这些地区最有可能发现遇难者。

根据雪崩流动路径，沿着被埋地点以下地区的瀑布线进行搜索。

注意雪崩路径中的反坡地形，在这里雪崩遇到阻滞，明显减速，最容易产生带状堆积。

仔细观察寻找雪崩前锋受阻地段。前锋后面的积雪翻越原先的前锋，成为新的前锋，而原来的前锋产生堆积，最容易把遇难者掩埋在这里。

着重搜索堆积前缘地带。遇难者被雪崩带至雪崩堆积最深地区，这是雪崩发生后最常出现的情况。

注意搜索沟槽雪崩路径的所有弯曲地段，雪崩往往在这里出现阻滞，并减速产生堆积。

搜索雪崩路径中的基岩露头、树木灌丛、坡麓滚石和阶地陡坎地区，遇难者往往被拦、被埋在这里。

兼顾雪崩路径内外搜索。搜索范围以雪崩内路径为主，但外路径也不能忽略。有些遇难者会被雪崩气浪抛出路径以外，或者在雪崩侵袭前及时摆脱雪崩威胁，逃至路径以外。

认真听取和分析事故目击者和遇难者的同伴提供的最前线信息，尤其是有关卷入雪崩和被埋地点方面的资料，以期尽早判断遇难者的遇难方位，及时进行救援。

正确掌握搜索精度、速度和遇难者幸存率之间的关系。找到活着遇难者的最大机率取决于搜索速度而不是精度。如果已经确定遇难者幸存的希望不大，那就可以适当放慢搜索速度，而提高搜索精度，否则，应该尽最大努力提高搜索速度，力争最大可能地找到活着的遇难者。

搜索雪崩遇难者还要考虑遇难类型。室内遇难和载体内部遇难，探索地区具有较为明确的范围。室内遇难位于其下游地区或房屋内部，载体内部遇难地处其下游地区或路面。雪崩表面遇难搜索范围较大，但目标明显。

由此可以看出，搜索雪崩遇难者可以遵循山坡瀑布线、雪崩堆积地形和雪崩运动特征的原则。除此之外，大范围地雪下遇难搜索，必须采用特殊方法。

雪暴防范百科
Xue Bao Fang Fan Bai Ke

3. 探查雪下遇难者的方法

现在，寻找和探查雪下遇难者已经发展了很多的方法，如无线电收、发报机法，雪崩犬法和探棒法等。

（1）雪崩犬法。

雪崩犬可以根据遇难者从雪下散发出来的汗水、呼吸

雪崩犬

等气味找到其被埋场所。但是，这些气味类型和含量则因人而异，也随各人身体和衣着清洁程度、被埋之前各人体力消耗状况而不同。还有，各种化妆品也能在雪中长时间地发出强烈气味。阿尔卑斯山区国家早在17世纪已经开始采用雪崩犬搜索遇难者。现在，瑞士、奥地利等国已广泛应用这一救援方法。人口稠密的山地居民、雪灾危险区的部队、登山俱乐部和养狗俱乐部也已经开始着手培训雪崩犬，普及营救知识，积极参加营救。

（2）无线电收发报机法。

无线电收、发报机法是一种比雪崩探棒、雪崩犬更好的方法，它是近年来欧美花费了大量人力、物力和财力研制而成的，主要用来确定遇难者被埋的具体方位。这种用于遇难者定位的无线电收、发报机最早出现在20世纪60年代末70

年代初。这些装置重200～400克，只有香烟盒那么大，为了避免无线电台广播干扰，只接收和发射音频感应信号。电路简单，很少发生失灵现象。大多数此类装置都是收发报机一体，也有个别型号的两者是彼此分离的。登山运动员、滑雪者或雪崩巡逻队员进入危险地区之前，配备好收发报机，将收发报机拨至发射状态，并且确保装置处于良好的工作状态，遭遇雪崩被埋后他人可以根据信号发射方向准确确定所埋位置。这类装置的不同型号也造成了平均搜寻时间的不同，一般搜寻时间为7～22分钟。

（3）探棒法。

无线电收发报机法和雪崩犬法快捷、准确，节省人力和物力，但是需要借用一定的外在条件，紧急情况下的应急救灾措施则会受到限制。所以，探棒法因其简单易行，能够就地取材而得到广泛应用。具体作业方法如下：

参加救援探查的人员手握探棒，一字排开。人数随人力情况而定，最好是20人，不要超过30人。探查人员按一定的间距隔开，队伍排头和排尾各站一人，共同拉着一根带有间距标志的探绳。探查人员沿着探绳作业，彼此之间保持探绳标定的距离。在专业人员指挥下，探查工作从山坡下部开始，由下往上逐步推进。每探完一步，探绳随之向前挪动一次。探查当中，假如出现探棒反弹和触及异物等情况，就把探棒插在原地作为标记，会有专人挖坑查明原因，然后继续进行后面的探查。

4.抢救遇难者的方法和步骤

雪崩安全的核心问题是要避免或减少人员伤亡，但是却不能完全避免雪崩事故。如果不幸遭遇雪崩，应该采取哪些应急措施，如何延长幸存时间是关系到雪崩营救的现实问题，采用正确的营救方法和技术进行抢救，可给遇难者带来生存的希望。

目击者以及没有被埋的同伴，确定了遇难者方位之后，一定要冷静、镇定，因为这最初几分钟的营救措施是相当重要的。如果有更多的人知道针对具体情况该做什么、如何去做，那么，将会大大增加遇难者的获救机率，并且可能营救更多的遇难者。

刚发现的雪崩遇难者，一般会有以下两种情况：瞳孔放大、呼吸停止和心脏不再跳动；体温很低、脉搏稀微、血压下降、新陈代谢阻滞。但是如果没有确凿的证据表明遇难者已经死亡，必须采取科学的营救方法和步骤进行抢救。

（1）清除呼吸系统异物，进行人工呼吸。

准备挖掘时，一定要注意遇难者的安全。防止挖掘器材给遇难者造成不必要的伤害。

当遇难者的头部露出以后，先要检查呼吸系统是否阻塞，比如积雪、血块或呕吐物等的阻塞，这些一定要立即清除。然后还要用橡皮管吸出咽喉中阻塞的液体或其他异物。完全挖出遇难者以后，一般应将其平放在雪地上或雪撬上。如果遇难者已经失去知觉，就要把他的头部放低，防止雪水、呕吐物等流入气管更深位置。不管是在进行人工呼吸期间，还是在正常呼吸恢复之后，呼吸道内一直都要插放橡皮管以保持呼吸道的通畅。在清除异物和人工呼吸之前，还应该细心检查颈椎是否折断。如果断开，可以牵引，使其屈曲减到最小。

如果遇难者已经不省人事，清理出口腔、气管内异物之后，就要马上进行人工呼吸。具体方法是：使其脸部向上，颈部微微伸直，头部和上身平躺或微向后倾。首先，迅速、连续地进行10次人工呼吸，人工呼吸头几口吹气是至关重要的。然后再按每分钟10～12次的正常节奏进行。如果瞳孔已经放大，心脏停止跳动，还要增加闭胸心脏按摩，增强人工呼吸。如果是在海拔较高、空气稀薄地区，就需要较长时间地进行心肺人工呼吸或口对口的人工呼吸。

现在，国外新出现一种用于雪崩抢救的人工呼吸设备，有袋状自动充气人工呼吸器和袖珍氧气瓶。这种呼吸器有弹性，能够保证节奏适当，用以减轻人工呼吸的不足和过量，在恶劣天气条件下，是很有用的施救工具。大气中的氧气成分足以能够完成对遇难者的施救，这时候的氧气瓶，只是一个辅助设备。在海拔5800米以下地区，采用强迫吸气法也可以使遇难者血液中的氧气达到饱和。经过人工呼吸抢救后，遇难者一般会出现如吞咽、轻微动

袖珍氧气瓶

作、微弱呼吸等救活迹象，这时仍有必要进行辅助性的人工呼吸。等到嘴唇、舌头和指头上的蓝色斑点消失，恢复成玫瑰色，才能表明遇难者的呼吸和血液循环已经得到改善。

（2）采取各种措施，尽快恢复体温。

如果遇难者被挖出后呼吸正常，或者经过人工呼吸后很快恢复呼吸，这时候尽快恢复遇难者体温非常重要。雪崩遇难者在低温环境中会消耗大量能量，挖出之后，要设法避免体温进一步降低。比如，脱掉潮湿衣服、擦干身体，换上干的衣服。有可能的话，将遇难者移到避风地点，或移入帐篷，并用小火取暖。也可以躺进睡袋防止体温降低，最好是用热水袋供暖。大型睡袋更好，施救者和遇难者同睡一个睡袋中，可帮助遇难者恢复体温。

（3）如果有幸存希望，立即送往医院。

如果条件允许的话，人工呼吸救助之后的遇难者可在看护人员的护理下送往附近医院，以便得到进一步护理和治疗。针对雪崩营救，发达国家设有专门的通信、航空、医疗系统和营救力量及其专用设施。

睡袋

四、雪崩的综合治理

（一）识别雪崩地区

雪崩治理是雪崩研究的主要目的之一。这是一门学问，归属于雪崩学的应用范畴。

一种自然现象，因为有了人的存在，而变成了灾害，雪崩正是如此。长期以来，人类活动无数次受到雪崩的危害，故而雪崩成为了人类研究的课题。经过不懈的努力，对于雪崩的治理问题也逐步取得了有效的成果。在对雪崩众多种研究中，雪崩治理最具有实质意义，所以从某个角度来看，雪崩治理是雪崩研究的出发点，也是其归宿点。我国和世界上有关国家都是认同这一观点，没有例外。

我国对雪崩的治理范围，不但涉及公路、铁路等交通方面，还涉及通信和电力线路等。随着人们生活水平的不断改善，人们越来越多地开展冬季运动和旅游，并将相关设施搬进山区，故而对于雪崩灾害的治理也提到议事日程中。

雪暴防范百科　XueBaoFangFanBaiKe

雪崩影响因素存在地域差异，相同的山区或者相同的流域，出现雪崩的频率不同，甚至有些地区有雪崩，有些地区不会出现雪崩。正确辨认雪崩地区的散离分布，不仅有利于对雪崩作用分布规律的揭示，对雪崩区划、灾害制图及雪崩预报、土地利用规划等，都有重要的理论和实际意义。更重要的是，雪崩灾害评估的前提是对雪崩地区的辨认。通过对雪崩地区的辨认，可为雪崩灾害评估环节提供定性和定量的资料，有助于确定治理雪崩的重要方案，这个重要方案也可能是唯一方案。由此可见，对雪崩区域的辨认是极其重要的。当然，辨认雪崩地区和评估雪崩灾害的方法有很多，下面就对"雪崩地区"进行详细的说明。

1. 雪崩地区的识别

雪崩会对自然环境产生各种影响，作用于这些影响的表象，被称为雪崩无声的见证。每到夏季，积雪融化消失，曾经因发生雪崩而留下的痕迹就会暴露无遗，这些无声的见证会给科研人员提供很好的研究途径和资料。所以这个时期的野外调查组主要寻找的就是这些雪崩作用痕迹，并将收集到的资料结合航片和地形图一起判读，再根据记录雪崩的历史性文件来辨认和确定雪崩地区，分析有关地区当今的雪崩状况。

通过长期调查和总结发现，雪崩地区存在固有特征，并且这种特征在许多方面有所表现。通常，可以通过以下几个

手绘新编自然灾害防范百科

方面来辨认：

（1）独特的雪崩景观。

在多雪山区，雪崩作用是形成雪崩景观的重要要素，雪崩作用和雪崩形成条件息息相关，当它们形成特有风格的景观时，这个景观就称为雪崩景观。根据雪崩景观，来判断雪崩地区是非常直接的方法，故而雪崩景观是判断雪崩地区的可靠依据。

雪崩景观虽然独特，但并不是一成不变的，它会随季节的变化而变化。尤其是冬季，变化最为突出。山地森林带中积雪满覆，自上而下的沟槽穿越森林。沟壁墨绿，沟谷洁白，两相呼应，风景别致壮观。森林带以上没有墨绿色，其地区裂隙和峡谷都填满积雪，并被陡坎和谷壁分隔开，一些峡谷的顶部还会有雪檐的发育。

斑驳屹立的陡坎岩石与白雪皑皑的裂隙峡谷融为一体，形成一幅巨大的美丽景观，这景观便是典型的冬季雪崩景观。

我国的天山西部中山地区阳坡和阴坡的雪崩景观各不相同。阳坡的山脊上长满了高傲挺拔的云杉和低矮灌丛，雪崩沟槽被山脊分开，沟中有很厚的积雪，皑皑白雪蜿蜒而下。阴坡则没有这么丰富多彩，无垠的积雪，分布很是均匀。

晚春时节，临近夏天，表面上的积雪经历了一个春天的消融，此时已经渐渐消失。而位于坡麓、峡谷、侵蚀冲沟、剥蚀漏斗和主谷交会的地方依然有雪堆和跨河雪桥分布其中。

夏季，天山不同高度上的雪崩沟槽有不同的景观，例如：山地森林带，朝北的山坡上，雪崩沟中生长出嫩绿的草甸，草甸与墨绿色的云杉相应成景。山地草原带，此时的草原色彩有些呈现微黄，而雪崩沟槽则在微黄的草原上留下了一个个绿色的斑块。形成这样景观的原因，主要是因为不同地区受雪崩的影响不同，致使植被更替及其季相滞后情况的发生，从而影响到了植被发育时间的差异。

（2）雪崩雪堆的特征。

雪崩停止运动后，所产生的堆积物，称之为雪崩雪堆。雪崩雪堆是发生雪崩地区的典型标志。若对雪崩雪堆进行调查，最佳时间为冬末和夏初。雪崩雪堆具有以下特征：

雪崩雪堆分布的位置一般在坡麓、河谷对岸的坡麓、雪崩锥上和负地形的底部。

堆积在不同地方的雪崩雪堆外形不同。堆在坡麓的坡面雪崩雪堆和山坡走向平行，常呈堤状。能形成雪坝和雪桥的是穿过河谷的雪堆。堆在负地形底部和雪崩锥上的雪堆通常为扇形锥体或条形垄状。此外，雪崩雪堆还分为不同的类型，表面平坦的是干雪崩的雪堆，表面凹凸不平的是湿雪崩和雪板雪崩的雪堆。

雪崩雪堆结构复杂，缺乏自然产状和层位。雪堆中的夹杂物却很"丰富"，有厚度、规模不等的风壳、辐射壳等雪块、细土和石块，以及草木植物残枝败叶，除此之外，甚至

还有整株的树木。

雪崩雪堆积雪的密度较大。以我国天山西部为例，其雪崩雪堆积雪的密度可达0.3～0.7克／立方厘米，是新雪密度的5～6倍。其中，干雪崩雪堆为390千克／立方米。

不同季节产生的雪崩雪堆颜色也不尽相同，这是由于雪崩雪堆在运动时卷入的物质不同，而导致的污化颜色不同。一般情况下，冬初春末产生的雪崩雪堆，其颜色为淡黄；而隆冬产生的雪崩雪堆因为污化物质少，所以多半仍然呈白色。

与雪崩雪堆相比，吹雪雪堆一般分布在风速较大，且有充沛降雪的分水岭或者邻脊带和宽阔的沟谷，不同于雪崩雪堆，吹雪雪堆没有块状结构，表面平坦，边缘是陡坡和吹雪雪檐的陡壁，陡坡和雪檐的形成都离不开风的因素。

（3）雪崩地貌特点。

雪崩对地表也有侵蚀、剥蚀和堆积的作用，在作用过程中，就会促使产生一些与其相关，且有典型特点的地貌。

雪崩侵蚀、剥蚀地貌特点：雪崩侵蚀、剥蚀地貌的形成，并不是来自雪崩一己之力，还有冰川、积雪的侵蚀、剥蚀作用。这种地貌多为漏斗、不同程度变形冰斗、积雪侵蚀雪崩犁沟、切沟和宽沟。其中，位于分水岭或邻脊带附近的漏斗、冰斗和部分犁沟是雪崩源头。一些漏斗、冰斗从外表上来看，出口狭小，围壁也大小不等，雪崩从斗中出来后，犁沟、切沟和宽沟便成了它们的径流渠道，即运动区。虽然这些运动区的沟形、规模和支流系统各不相同，但是，由于雪崩的作用，横剖面沟底平坦，谷壁常呈U形，且陡峭。纵剖面沟泓平直，没有什么弯曲，有弯曲的地方常有拓宽擦痕。此外，沟槽基岩露头发育磨蚀痕迹。

雪崩堆积地貌特点：雪崩堆积地不仅仅有雪，还夹杂着全层湿雪崩挟带的碎屑物质。其中沟槽雪崩形成的典型堆积地貌被称为雪崩锥，雪崩锥一般分布在雪崩沟槽汇入河谷的地方。雪崩堆积地貌轴部微突，酷似扇形，雪崩锥相似洪积扇。但是，一般的雪崩堆积地貌物质繁杂，缺乏分选，细土、碎屑、石块和植物残骸混杂在一起。而雪崩锥分选较清晰，表面堆积大量的枯枝败叶，其中还分布着大小不等、高矮不齐、东倒西歪的"摇摆石"，棱角分明的石块好像总处于不稳定状态。

雪崩前垄一般以锥顶为圆心发育于雪崩锥上，这些垄呈同心圆弧交错排列。其成因有两方面：一方面是由于被雪崩挟带下来的物质就地在其前端堆积，另一方面是由于雪崩的雪犁作用。观测雪崩前垄时，居高临下，会更为清晰。

分布在雪崩沟槽两侧的垄状地貌是雪崩侧垄。这种地貌的形成是由于雪犁作用，在雪崩路径上的松散物质被犁起后又被分向两侧堆积的结果。

在雪崩锥上还有一种直接从锥顶开始向下覆盖的堆积地貌，被称为雪崩泻流裙。这种地貌是由于雪崩或者积雪剥蚀雪崩沟槽中的坡积碎屑和生草土层而形成的。

当发生大雪崩时，雪崩冲至河谷对岸坡麓，并形成不对称丘状地貌，这种地貌被称为雪崩丘。

山坡高陡且积雪较深的山区容易形成坡面雪崩。坡面雪崩的特点是没有明显的堆积地貌。但雪崩的剥蚀作用时有发生，所以也会形成条状地貌，这种条形地貌被称做雪崩土堤。

（4）森林破坏及分布。

根据植被识别雪崩地区：雪崩的破坏性会在它所途经的林区留下明显的痕迹。观察植被的特征，可以判断这个地区的雪崩及其状况。主要表现在以下方面。

第一，对森林的严重破坏。支沟底部及其两侧、沟口堆积锥上和主沟坡麓，单株或成片树木、灌丛朝一定方向倒伏，如果发现这些现象则表明这里可能是雪崩地区。

第二，树木倒向不同的方向说明雪崩来自不同的方向。例如坡麓树木倒向谷底，则雪崩来自上方；若树木倒向山脊，则雪崩是来自河谷对岸的。但无论雪堆中倒伏和折断的树木何以倒向，都足以表明这个地区是雪崩地区。

第三，植被的分布形式也可以判断雪崩地区，具体表现如下：

林线以下山坡基本上没有成熟林，或林隙地穿过森林向下分布。

有些地方的森林贫瘠，因为大面积的雪崩频繁活动，致使森林无法生存。

高于林线的形成区没有森林。

从形成区到运动区一般没有森林。

沟底的谷壁生长未成熟林或无森林，而远离沟底谷壁的地方却生长着成熟林。

（5）树形的变化。

雪崩可以直接对植物产生撞击和挤压作用。如果雪崩经过，大多数树木会被摧毁，但也有幸存的树木，这些幸存的树木虽然保住了生命，却也不再挺拔，因为经常遭受雪崩的挤压而扭曲变形。

有些树木形成匍匐状，这种树木树干贴着地面弯曲着生长。例如，天山地区的桦树最易长成"匍匐树"。

"旗形树"也是由雪崩造就出来的，因为雪崩来临方向的大部分树枝经常被雪崩及其气浪冲毁，以至于枝叶都集中在朝向雪崩下游的一侧，看起来如随风飘荡的旗子。

还有一种树叫"断头树"，听起来有些可怕，可是却是非常形象的一个名字，因为这种树的树头和树梢均已被雪崩气浪冲断或刮掉了。

像麻花一样的树干也是雪崩的杰作，因为雪崩来临时挟带了大量的石块等物质，这些物质撞击、摩擦树干，致使树皮剥离、木质破坏，从而形成麻花形态、扯成木质纤维。这种形态的树木在雪崩运动区的两侧可经常见到。

以天山为例，在天山西部有雪崩途经的一些河流两侧，其支沟沟口，虽然广泛地分布着由灌丛和柳树等组成的茂密森林，但这些植被树木的枝干和枝条均倾向下游，有些甚至贴近地面。很明显这是雪崩的杰作。但它们的情况并不单一是冲撞、挤压和雪崩雪堆堆积的结果。有些树干弯曲形似马刀，俗称马刀树。马刀树是在其幼龄时期受到坡上雪崩雪堆的挤压而改变了生长方向。一些木质柔软的树种，被雪崩折断以后，又在老树根部重新发芽，形成再生树，如白桦和天山花楸。

（6）树种的更替。

在雪崩途经路径内和两侧、外缘山地植被可从里向外分为三带，这其间的差异是由于雪崩规模和频率不同而引起的。通过野外考察和航摄像片能将这三带间的变化看得清清楚楚。三带山地植被分布如下。

内带：杨和柳。这里雪崩频繁，规模较小；

过渡带：成熟树林遭到破坏，并且生长针叶林、杨树子苗或小树，这里雪崩偶尔较大；

外带：未破坏的成熟针叶林，其外缘林遭到过雪崩梳理。

再以天山西部为例，山带森林地区，山坡上部、中部生长着云杉，树种大多单一，这种情况称之为"纯林"，而到了坡麓一带本应为纯林的地区变成了混合林，除了云杉之外，还生长着白桦、杨和天山花楸等。由纯林变为混合林的原因之一是雪崩的侵袭。因为雪崩来临时，这里的云杉林遭到了严重的毁坏，但就在森林恢复过程中，"底盘"又被桦、杨和花楸等先锋树种侵入。

（7）草被破坏。

在雪崩路径拐弯的地方经常可以见到无草的斑块现象。这是由于挟带大量石块的全层雪崩在爆发时，其雪犁将草本植物连根拔起，使其地下部分剥离，这些草本植物被带走后，地上就会出现一定时期内的空白。这种无草斑块的现象也可以作为辨认雪崩地区的标志。

（8）植被群落改变。

雪崩雪堆不仅仅是压埋杂物，它还可以改变生态环境，水和热的变化会影响到植被群落成分，且使植被的发育阶段出现滞后现象。

2.雪崩地区冬季雪崩考察

一般考察雪崩地区的最佳时间是在多雪冬季进行，因为这个时候具有雪崩条件的大部分地区都有可能产生雪崩，这为雪崩地区的识别提供可靠的依据，从而有利于雪崩地区的辨认和其范围的确定，并可检验识别结果。

（二）雪崩治理概述

1.积极治理雪崩危害

居住地点的选择要谨慎科学，不能在雪崩路径内部生活居住，而要避开雪崩灾害，远离危险地段，在雪崩路径外部居住、建筑，才是最好方法。

但是，许多时候出现的情况是复杂多变的，所以，我们要用不同的方法进行处理。通过总结有以下例外情况：

房屋、设施的建设已经在雪崩区划之前进入了雪崩危险地区；

理想又安全的建筑场地随着山区人口的剧增而所剩无几；

由于山区地价上涨，无力负担费用，故而不得不用便宜但有雪崩危险的山麓地带；

在人类活动及建设中存在着一些雪崩区划不能完全避开的雪崩危害区域。

由于以上原因，房屋、设施和人们活动有意无意地进入了雪崩危险地区。对此，存在两种截然不同的态度：不主动采取任何治理措施和主动采取某种治理措施对待雪崩危害。

当然，我们更提倡后者，对雪崩危害持积极治理的态度，做到防患于未然。虽然对于雪崩的治理面临的问题和困难很多，但是实践证明，雪崩治理的可能性是存在的，并且很有前景。

现在我们有许多种对于雪崩治理的措施，但都不能盲目使用，要针对雪崩的不同特点，对其地点、特征、形态等诸多方面进行充分调查，并对治理措施精心设计和合理配置，才能采取某种措施或者某些综合措施来对雪崩进行治理，达到减轻、消除雪崩灾害造成的人员伤亡和财产损失，保护交通运输及通信线路等不中断或者缩短中断时间。

2. 雪崩治理分类

雪崩治理是一项复杂的系统工程。各种雪崩治理工程均在其涉及范围之内。而且其治理措施更涉及雪崩区划、雪崩应急措施、雪崩预报、雪崩人工释放和植树造林等。

归纳起来，可将雪崩治理分为两类："硬件"治理和"软件"治理。

第一类称为"硬件"治理，即将一些工程措施应用在雪崩路径中。

第二类称为"软件"治理，即以预报雪崩和逃离雪崩、人工释放等作为治理方法。例如欧美国家常用的方法，利用火炮、无后坐力步枪、气体发射器、雪崩弹等，达到释放雪崩的目的。

下面我们再看雪崩治理措施的分类情况，首先说明对其分类的目的在于明确其特性，不同的治理措施所针对的雪崩情况和区域需求也不同。将其分门别类地列出来，并将它们的主要功能阐述清楚，有助于有关部门能够根据具体情况选择和采取具体措施方案。

（1）按照花费时间和效益持续时间分类。

按所采取措施所花费时间和持续效益时间，可以分为长期雪崩治理措施和短期雪崩治理措施。

因为长期治理措施和短期治理措施都不能达到尽善尽美，所以必须根据防护对象的实际情况来选择。例如，对防护对象的重要程度、工程造价、需要治理的迫切程度、得到效果的时间需求和法律条款等进行权衡。

雪崩长期治理措施：这些措施的运用主要是在雪崩出现之前做预防工作。根据雪崩总形势，并结合极端情况下可能出现的雪崩形势，来采取相应的永久、长期的雪崩治理措施。例如，雪崩灾害调查、区划、雪崩工程、生物治理以及居民迁出雪崩危险地区等。

雪崩短期治理措施：短期治理措施是雪崩治理措施的一个组成部分，一般运用于应急情况下，所以，要做到有针对性。对某个雪崩形势进行评估，并分析极端雪崩可能造成的危害，参考雪崩预报及一些气候条件因素，由专家进行判断，实施采取临时、短期的雪崩治理应急措施。短期治理措施和长期治理措施相比，能免除长时间的规划和施工，节省人力、物力和财力。

短期治理措施主要包括：雪崩预报、人员撤离、道路关闭、雪崩营救、雪崩人工释放、道路雪堆清除等。

（2）按照所采取措施的结构形式分类。

块体结构工程措施：工程独立、笨重，彼此之间没有联结部位，这类工程包括：挡雪土丘、挡雪墙等。

连结结构工程措施：由各种构件装配而成的工程。这类工程包括：防雪栅栏、雪网、雪耙等。

组合结构工程措施：由以上两个工程措施共同组成，即块体和连结构件组成的工程。例如，由挡雪土丘和雪网构成的组合工程。

（3）工程治理措施的用途分类。

撑雪工程措施：用点状或线状方式规划锚定支撑山坡积雪，为的是避免山坡积雪移动或者防止积雪大面积移动。这类工程包括：防雪栅栏、雪网、雪耙、稳雪墙、水平台阶等。

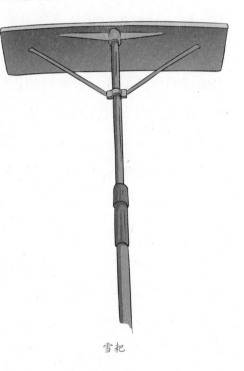

雪耙

导雪工程措施：主要用来改变雪崩运动方向，以达到保护防护目标的目的。这类工程包括：导雪坝、导雪墙、防雪走廊和雪崩楔等。

阻雪工程措施：阻挡雪体运动，或将雪崩运动距离缩短，使雪崩无法进入保护区域。这类工程包括：挡雪土丘和雪崩楔等。

直接防护工程措施：位于保护目标上方，只对防护目标起直接保护作用。这类工程包括：公路防雪走廊和雪崩楔等。

雪网

（4）按照所采取措施的隶属部门分类。

工程措施：雪崩治理工程的各种措施。

生物措施：用植树造林来防治雪崩的措施。

人工作业措施：一方面利用机械清除路径雪堆，确保道路畅通；另一方面，采用人工爆破或者打炮的方式来释放雪崩，消除雪崩隐患。

行政管理措施：通过行政管理和制定法律来控制，从而达到减轻和消除雪崩灾害的目的。例如，以雪崩区划为基础，制定的各种土地利用措施。

安全教育措施：开展雪崩避险等方面的安全教育，增强意识，这类措施包括：雪崩预报、雪崩教育和雪崩营救等。

（5）按照所采取措施的位置分类。

雪崩形成区工程：形成区一般采用的是撑雪措施，在这个区域采取治理措施是最好的方法。

雪崩形成区迎风坡工程措施：在形成区，除了撑雪措施外，在迎风坡建设吹雪措施也是非常好的治理方法，可以直接或者间接地防止雪崩形成。

雪崩堆积区和运动区工程措施：这种工程措施是将雪崩拦截在运动区，但是有些时候雪崩一旦运动起来，就很难被阻拦，所以，有些时候会采取导雪工程措施，将大部分雪崩导向安全、足够大的储雪场所，让其避开防护目标。

（6）按照所采取措施的能动程度分类。

积极措施：在雪崩形成区域建设撑雪工程，防患于未然，避免雪崩发生，或者在雪崩多发的危险期，封闭公路、铁路、滑雪场等公共设施，或人工释放雪崩这些都属于积极措施。

消极措施：在雪崩运动区和堆积区采取的各种措施，主要针对的是已经发生的雪崩，具体指阻止拦截运动的雪崩。但是，有些时候由于地形或者其他种种原因，致使该地区不能采用积极措施，在形成区建设撑雪工程，只能在其下部采取消极措施，阻止雪崩运动。对于消极措施，除了阻挡雪崩运动的治理措施，还可以使用利用建筑物致使雪崩减缓、偏转的治理措施，或者根本不用任何治理雪崩本身的措施，而是将建筑物、设施和通信线路等建在远离雪崩危害的地区。

（三）雪崩的工程治理

雪崩工程主要包括：撑雪工程、阻雪工程和导雪工程。所谓工程治理，就是指用建设建筑物来达到治理的效果。大部分国家都用这类方法来治理雪崩。如欧洲和日本起初治理雪崩重视形成区的治理，后来逐步也开始进行堆积区的治理，而北美则更重视堆积区的治理。虽然每一种治理初期都会花很多钱，但是设计合理的建筑工程设施可以用很长时间，对雪崩的治理效果也很显著。此外，在很多情况下，会给植树造林提供机会。

1. 雪崩的撑雪工程治理

撑雪工程运用于形成区的雪崩治理，包括撑雪栅栏、雪网、雪墙、雪耙和水平台阶等措施。不同的措施起不同的作用，有的用于垂直山坡的支撑，有的则是以水平角度支撑，用以消除或者减少雪崩的释放。雪崩形成区的治理在一些地区有着举足轻重作用，例如日本就很重视形成区的雪崩治理，因为这样能够有效地防护山麓下的村庄、道路等广大地区。另外形成区的治理成效直接关系到运动区和堆积区的治理方案。例如是否需要进一步在运动区和堆积区采取治理措施等。

（1）撑雪工程治理雪崩的机制。

要弄清撑雪工程治理雪崩机制，首先要了解几个名词的

含义。

应力：物体由于外界因素影响而发生变形时，在物体内会产生一种抵抗这种外因的作用，力图将物体还原到变形前的状态的内力。这种截面上某一单位面积上的内力称为应力。

法向应力：是应力的一种，同截面垂直的应力称为正应力或法向应力。

临界状态：是指所处的平衡状态将要变化的状态。

剪力：作用于同一物体上的两个距离很近，但不为零，大小相等，方向相反的平行力。例如，剪刀去剪一物体时，物体所受到两剪刀口的作用力就是剪力。

剪力

剪切强度：是指材料承受剪切力的能力。

张力：中央向各方撑开的力叫做张力。例如，地壳运动产生压力和张力，压力常见于汇聚型板块，如印度洋板块与欧亚板块间的碰撞。张力常见于分离型板块，如海底扩张、红海裂谷、东非大裂谷等。

了解了上面这些词的含义，下面我们来介绍撑雪工程治理雪崩机制。

平缓山坡上的积雪，其重力同时以法向应力和切向应

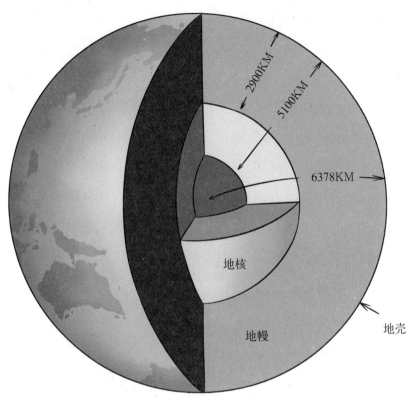

2900KM

5100KM

6378KM

地核

地幔　　　　　　　　　　地壳

地壳运动

力的形式向地表逐层传递。新雪覆盖在老雪上面，法向应力和切向应力随着新雪的增加（降水强度的增加）而增加。如果积雪强度与现有应力比率的稳定程度没有达到临界状态，那么剪切强度及其应力必然增加，而这些强度和力的关系决定了积雪是否会断裂。撑雪工程的建设，使积雪直接受到点状、线状或者面状的支撑，从而改变了力学状态——剪力状态变成压力状态，或者张力状态变成压力状态，力学状态的转变可以让积雪达到较高稳定程度。

　　若是在一定间距上建立上下两排撑雪工程，积雪被两排工程分割开，这样就破坏了积雪的连贯性，使其纵向力量削弱。无论是滑动规模还是断裂扩张都将受到两排工程的影响和限制。

另外，值得注意的是，撑雪工程并不能完全防御雪崩，尤其是发育程度高的雪崩冲力很强，故而撑雪工程也会因此受到不同程度的破坏。但是能拦截未获得动量的小雪崩，这些小雪崩如果没有被拦截，那么到下游后就会凝聚成大雪崩，所以说撑雪工程至少能让雪崩运动减弱到无灾状态。其中内聚力小的松雪，完全可以被撑雪工程拦截，使其在工程建设地区断裂和运动。

（2）设计撑雪工程。

千万不要觉得撑雪工程那几个支撑架子的设计和安装简单，实际上，撑雪工程的设计和安装非常复杂。

撑雪工程的设计不但要因地制宜，还要结合当地气候、雪本身的运动情况和相关数据等进行设计。而且工程造价和设计人员的经验也会对撑雪工程有所影响。设计出来的撑雪工程毫无疑问的是必须坚固，能够抗拒雪崩产生的冲力以及积雪蠕变、滑动产生的压力。除了坚固还要高大，必须高于极端最大雪深，只有这样才能有能力支撑或是割裂积雪和雪崩，以及阻挡小雪崩进入防护地区。

如果以上两个要求任何一个不能满足，那么这个撑雪工程都将以失败而告终，一旦工程被雪覆盖或者破坏，必然会丧失其存在的意义。

另一方面，工程之间的间距设计必须满足三个条件：

第一，工程撑重力强，不会被最大积雪压垮；

第二，工程牢固，能承受雪崩的冲力，不会被雪崩摧毁；

第三，考察治理区内雪崩形成时所产生的移动速度和相关力量，其数值不能超过一定程度，以保证治理区内所存在动力不会危害到工程。

满足以上三个条件后，还要结合山坡倾角和工程有效高度确定工程间距。工程有效高度越高、工程间距越大，所需的工程单位面积越小，长度也越短，这样对节省工程造价很有帮助。因为间断布设这种方式本身就可以减少工程所需长度和工程单位面积，而且工程高度与间距及长短成正比，由此可见，工程有效高度的确定极其重要。

当然间距和工程面积、长度不能随意确定，单位面积上的工程延长度取决于山坡倾角，工程规模一定要能满足防止积雪缓慢运动的要求，所以，要随着山坡倾角而增加工程长度。因为积雪受山坡倾角的影响产生运动力，而撑雪工程正是为了克制和消除这种力的，所以力的大小是确定工程规模的决定性因素。

在工程用材方面也有讲究，例如建立在林线以上地区的撑雪工程，要用使用寿命长的钢材、混凝土等材料。而林线以下，也就是森林地区则可用浸渍过的木材来建筑撑雪的临时工程，因为树木也能够起到防止雪崩的作用，所以如果树木稀少，应配合植树造林措施。但新生森林长起来，至少需要20～40年的时间。

（3）撑雪工程的分布。

撑雪工程的工程分布与工程设计紧密相连，撑雪工程适用于宽阔山坡，保护分散目标。如果建设分布不科学不合理，即使工程设计得很好，也不能较好地发挥其作用。

下面我们来介绍撑雪工程是如何分布的：

全面防治：此种方法是对山坡进行全面防治，顺着山坡方向从上向下每排撑雪工程都应横向伸到地形的自然边缘。

部分治理：部分治理的方式适合坡度为30～50度的山坡，从上向下工程逐排从未治山坡伸向治理山坡，其分布的最高地点往往位于经常发生雪崩的陡坡上部，接近雪崩最高断裂线处。这是为了避免未治山坡雪崩给工程自由端带来的破坏。如若不然，雪崩一旦在上部未设工程地区产生，就会对下部工程造成毁坏。

在有雪檐发育的防护山坡上，防治工程应该布到山脊，特别是最上面一排的工程，一定要能承受和拦截雪檐崩塌，且保证不会被雪堆埋没。

如果防治工程布于陡崖，则需要注意两点，一点是工程要能抗拒滚石撞击；另一点是工程布排下限要向谷底方向延伸，直至山坡倾角低于30度。

撑雪工程适用于宽阔山坡。为了更好地保护公路和铁路等设施，最低一层的防护工程应该加高，采用连续分布方式。例如，在雪网下部再布置一排坚固的撑雪栅栏或者雪耙等撑雪工程，以拦截未被止住的雪崩。

除了上一段提到的"连续分布"方式，撑雪工程排列方式还有"间断排列"方式和"梯形交错排列、不连贯组合排列"方式。这三种排列方式各有各的优点和缺点。选择何种排列方式，要根据实际情况而定，例如地理条件、防护对象等等。现在普遍采用连续排列。若采用间断排列，一般间距不超过2米，而且一定要确保其作用效果。

（4）永久撑雪工程和临时撑雪工程。

永久撑雪工程是长期保留、长期使用的工程，起长久防治效果。

临时撑雪工程使用时间较短，一般用于应急，达到效果后可以拆除或等其自行消失。

（5）撑雪工程边缘问题。

撑雪工程的边缘与雪崩未治理区相衔接，未治理区的积雪和雪崩都会对其造成危害。

为了使撑雪工程的边缘更加牢固，不受损毁，首先，要对撑雪工程的边缘进行更好的加固，例如，增加立柱等。另外，如果边缘地段经常受到积雪滑动和雪崩侵扰袭击，则应该采取以下措施：

在上、下两排工程之间，插建一排同样尺寸的撑雪工程；

将治理地区和未治理地区分开，在其之间建筑混凝土分隔墙，墙的高度一般为撑雪工程的一半；

可建立导雪工程来保护撑雪工程；

建筑水平台阶或者小型栅栏，将积雪稳定，防止滑动。

（6）积雪滑动治理。

对于积雪滑动的治理很必要，因为它对保护撑雪工程起到了很好的作用，还为植树造林提供了便利的条件。治理积雪滑动的措施有很多，方便的措施有水平台阶和木桩栅栏等，这些都是临时措施。长久措施有：干砌片石墙、防滑栅栏等。其中干砌片石墙需要考虑工程基础和背后坡角，而防滑栅栏则需要用混凝土筑基。一般治理滑雪的措施布于撑雪工程之间，水平间距2～3米，高1米左右。

2. 雪崩的阻雪工程治理

阻雪工程包括阻雪墙、阻雪坝、阻雪楔和阻雪土丘等。阻雪工程主要用来直接保护防护目标，因有些时候撑雪工程未能将雪崩拦截，或者因为形成区的撑雪工程建设造价太高或地理环境不适合建筑撑雪工程。这个时候就需要阻雪工程来起作用了，一些情况下，阻雪工程会同导雪工程一并使用。

（1）阻雪工程治理雪崩的机制。

阻雪工程只是一些简单的块状障碍物，主要针对雪崩动力进行设计和采用。工程建在沟谷路径当中，受到谷壁限制。阻雪工程的正面面对雪崩来向或者其走向垂直雪崩来向，以达到降低雪崩速度、缩短抛程、避免危及防护地区的目的。另一方面，阻雪工程拦截雪崩雪，主要是为了减少堆

上公路的雪量和缩短清雪时间。这种情况下，一般把这类工程建在山麓的雪崩堆积区或平地。运动的雪崩遇到这些布设的工程造成的额外的地形起伏，会产生横向流动。但是，雪崩不会突然受阻停止，而是逐渐变慢；能量没有直接消耗在工程上，而主要消耗在其内部。比如，雪崩撞上最上面的土丘或楔之类后，会被分成几支，高度、能量和范围都减小，接着继续进入下面工程影响范围。在雪崩的正常流动过程制造多次扰动，加上雪体内部以及雪和山坡之间的摩擦，使雪崩能量消耗、速度降低、提前停止。另一方面，如果能够利用雪崩撞击工程的反作用力，迫使雪崩爬上一定距离的反坡，会更有利于雪崩消能、停止。

　　总之，建筑阻雪工程，可以阻碍前锋的雪崩速度，对于避免或减少雪崩灾害是有效的。但是在实际应用中，倾角达到32～45度的陡峭山坡上，雪崩路径中的阻雪措施则很难奏效。这时候的雪崩很容易就能翻越这些防御工程建筑。对于粉状雪崩的阻挡效果更是微不足道的。另外，一个冬季不只产生一次雪崩的路径，而第一次雪崩出现会将阻雪工程埋平，第二次雪崩时工程就会完全失效。

　　（2）设计阻雪工程。

　　阻雪土丘：是由当地地表物质堆成的锥体或截锥体。其内部为土体，而面对雪崩来向一面是一定厚度的混凝土壁，其余表面则是干砌片石；或整体为土，面对雪崩来向一面是干砌片石。建筑土丘必须配合种草植树，植被能够减缓撞击

和稳定工程，减少大规模、频繁发生的湿雪崩的侵蚀。雪崩对工程冲击力随速度的增加而增加，当其速度足够大时，土丘有时会被完全毁坏。所以土丘必须夯实、加固，增加其稳定性。土丘阻雪效果和它的有效面积及高度有关。土丘体积和其高度的三次方成正比，越高越不经济，但还是要有足够的高度。可以在丘前坡脚取土，成一土坑，能够节省造价，增加有效面积。在比较平缓山坡按照一定体系建筑土丘，也能够收到治理效果。在倾角20度以上山坡建筑土丘，其效果变差，因为这样的话有效高度和面积都减小了。

阻雪楔：一般阻雪楔采用混凝土或干砌片石建成，背后用土回填。楔有一定高度和宽度，其张角以90度为宜，数量越多，越能显出成效。

阻雪墙和阻雪坝：最常见的阻雪墙、阻雪坝通常为土墙、片石铺面，用铅丝笼装片石建筑。在墙的前面坡脚取土，形成一个土沟。高墙则能够阻挡快速流动雪崩。

阻雪土丘、阻雪楔，以及下面将要讲到的导雪堤、导雪坝等，主要用来防护分散、零星的目标。阻雪工程和撑雪工程也可以结合使用，同时配合植树造林。

（3）阻雪工程的分布。

雪崩前锋速度不是很大时候，阻雪工程才能发挥有效的作用。这种条件往往出现在运动区下部和堆积区上部。阻雪工程一般都建在这里，并且要和防护目标保持一定距离。阻雪工程另外一个成功应用的地点是在雪崩撞至谷底、爬上对面山坡的地方。

阻雪土丘和楔：阻雪工程中，土丘成本最低，易于养护且效果明显，被大范围的广泛采用。土丘在15度以下的倾角山坡，效果最明显，其他阻雪工程也有类似情况。这个角度相当于流动雪崩最小摩擦角。单个土丘防护能力较小，最好是建设成群的、纵横交错分布的土丘，可以使雪崩失去连贯、顺达的通道。另一方面，土丘分布尽可能均衡地侧向分布，有一个较大宽度来分散雪崩的应力。这样，能够显著地增加雪体和地面之间的总摩擦力，有助于雪崩减速、停止。土丘在防止大部分沿着地表流动的雪崩时非常有效，但是大规模雪崩的空中运动则会直接翻越土丘，忽略它的阻碍作用。

阻雪墙和坝：这类阻雪工程很容易会被速度快的雪崩埋没，主要用来拦截缓慢运动的雪崩，最好是和其他工程配合使用，一般用做最后一道防线。所以通常位于堆积区较低部位，这里的倾角也比较小，另外雪崩通过较长距离运动和前面土丘之类工程的阻挡，能量几乎消耗殆尽。

3. 雪崩的导雪工程治理

导雪工程主要建立在雪崩运动区和堆积区。它主要包括：导雪坝、导雪坡、雪堤、流楔和雪崩棚等。

（1）导雪工程治理雪崩的机制。

导雪工程是用人工改造自然地形的方法，来使雪崩下落的路径发生改变，将雪崩引导至另一个方向或者山坡之间的大型储雪场，从而避开防护目标，使之变得安全。但是这种方法一般只适用于防范范围不大的地区，而且还要根据雪崩的具体条件而定。因为并非任何雪崩都能乖乖地听话，大的雪崩，冲力很强，当它直冲而下时，不可能被导雪工程任意改变和引导。尤其是粉状雪崩速度很快，导雪工程会显得更加微不足道。实践证明，雪崩速度越快，可能改变和引导的角度就会越小。

（2）导雪工程。

导雪堤：大部分为土堤，也有用钢筋混凝土或者装有石料的金属筐墙建成。导雪堤可以将具明显侧向扩展趋势的雪崩加以宽度限制，通过渠道形式将雪崩导向下游与其衔接的雪崩棚顶外缘。这样还可以使雪崩棚长度适当缩短，并防止雪崩从棚的两端落向其进、出口和道路。这种工程主要目的是要修改雪崩路径。

导雪坝：坝体和雪崩路径形成一个交角，以便能够把雪崩偏向所需要的方向，或者限制由于路径方向变化引起的侧向扩展。这样，雪崩及其边缘就会远离防护地区。

导雪坡：用土建在雪崩路径和防护目标之间，并和防护目标连成一体，但是高度和宽度又都超过防护目标。其主要作用是抬高和延伸原有山坡，使得雪崩从导雪坡表面和防护目标顶部通过。

分流楔：主要用来防护雪崩路径中孤立而又高耸的目标，如房屋、建筑物、高压输电线路的桥塔、索道塔柱等，或者防护其周围地形平缓的目标。一般将分流楔安置于防护目标前面，或者与其连成一体。雪崩遇到分流楔后会被分成两股，并被导向保护目标的两侧。在瑞士某地一座古老教堂，恰好建在雪崩路径当中，为了防止雪崩的侵害，对其朝向雪崩来向的墙壁外进行了特殊处理，建了一块相当规模的块状分流楔。100多年以来，已经成功地分流多次雪崩，并且一次次地承受住了雪崩的撞击。

雪崩棚：以前也叫雪崩走廊，是为了防止雪崩上路的传统方法。在铁路、公路不能建筑隧道的地方，在多雪的山区一般都会建筑雪崩棚。另一方面，对于公路和铁路来说，直接防护道路本身要比在其形成区采取其他任何形式的治理措施，来得便宜、简单。

通常建筑雪崩棚，是为了防护穿越雪崩路径的公路、铁路。对每冬释放一次或数次大雪崩的路径来说，能够确保道路畅通，建雪山脚棚更为适用。雪崩棚还可用来防护其他目标，例如由于某些原因必须位于危险区的建筑物。

雪崩棚不是为了疏导或影响雪崩的运动路径，棚顶可以看成雪崩山坡的人工延伸，只是为了作为一个雪崩通道过渡，保证路面不会堆雪，交通运输畅通无阻。阿尔卑斯山区和日本在很多地方都采用了雪崩棚。当然，棚顶也能产生和堆积雪崩，要注意实时清理棚顶的积雪。

（3）布置导雪工程。

导雪工程的设计和建筑通常是针对形成区域中运动的雪

崩。一般工程布置如下：

和雪崩棚的结合使用。雪崩棚是横向展布工程，纵向幅度有限。导雪堤主要是设立在雪崩路径从约束性运动区向扩展性堆积区转变过渡的区域，这个时候的雪崩会有明显侧向扩展或者某些方向性的变化。因此，此时可以借助导雪工程改变地形总走向，这样雪崩就会随着总走向顺势而下。导雪坝一般设在有足够空间且地形坡度适中的地区，过缓和过陡地区均不适合，最好可以让其起到迫使雪体偏转出现爬坡和使横剖面加宽的效果。

导雪坡一般建于较陡山坡，一方面承接上面的山坡，另一方面可以有足够的高度对下游建筑物进行保护。

（四）人工治理雪崩

人为地改变山坡积雪状态是一种很实用且有效的预防和治理雪崩的方法。相对于通过改造地形来治理雪崩，这能节省不少的费用。因此，我们可以在积雪堆过量，但还不足以引起灾害雪崩之前采取措施进行人工疏导，如采取有意触发雪崩的方法，也就是在受控条件下，通过滑雪者滑行、登山者重量、炸药爆破、枪炮轰击等方法，有目的地增加雪中额外应力触发雪崩。这样可以在雪崩形成灾害之前提前治理，这种方法可以用来防护旅游地区和交通干线。

积雪堆积过厚，雪崩条件形成时，用踩踏积雪和在雪上

炸药爆破

蹦跳诱导雪崩发生是最直接、最简单的人工治理方法。有经验的滑雪人员就可以胜任这个工作。人工雪崩和自然雪崩本质上没有差别，只是人工雪崩可以诱导雪崩路径避免突发雪崩造成的灾害损失，同时，人工雪崩能够提前抵消会诱发自然雪崩产生的相关因素。

人工释放雪崩有很多优越性：

第一，可以在预定时间触发雪崩，提前清理好雪崩路径，并做好防范措施，避免造成灾害的发生。雪崩过后，危险消除，直到天气和积雪变化出现下一次雪崩潜在危险状态为止。但是，人工治理雪崩只能提供一个相对安全的时段，雪崩不能被永远的消除，危险的潜在因素还是存在的。

第二，人工治理雪崩可以释放自然雪崩的潜在因素，也能进行山坡积雪稳定性试验。

第三，即使不能完全释放，也可以使积雪释放由大变小、缩短崩塌距离、减少治理地段堆积雪量，有利积雪清除和防护地区管理。

当然，人工释放雪崩也有一定的局限性。它只是一种暂时的应对措施，有一定得时效性，每年冬季都要频繁地使用这种方法消除雪崩应力。此外，什么时候需要进行人工治理，是人们根据经验做出的主观判断，加上坏天气引起延误、爆破地点难以到达、设备出现故障等原因，爆破作业有时进行太晚，结果反而产生大雪崩。如果雪崩路径附近是人

雪崩

口密集区，不适宜用火药和火炮进行爆炸性人工释放。这种技术只可以普遍用于滑雪地区和公路沿线，这些地方在打算治理之前可以预先撤空雪崩路径，还要注意这种人工引导的雪崩不会引起建筑物损坏。显然，人工释放不能作为永久建筑物上方的治理措施。所以，炸药方法并不总是适宜采用。

1. 炸药爆破法治理

目前，世界各国都普遍采用炸药爆破释放雪崩的治理方法，同时，炸药也是各国雪崩研究必不可少的试验材料。

炸药爆破也可以用来试验山坡积雪的稳定程度，以便为雪崩预报和雪崩地区管理决策提供依据。更主要的是可以用炸药提前重复释放小型雪崩的办法来保护道路、山村、雪场和山区临时工地的安全以避免大的灾害性雪崩的发生。就公路来说，这就是一种非常适合的手段。雪崩危险期要预防性地关闭交通，然后利用炸药多次重复地释放不会到达公路的小雪崩，或者至少能够减少堆在路上的雪量并及时清理，释放处理并证实安全以后，公路交通就可以重新恢复了。

通过逐日的雪崩危险评估发现积雪处于不稳定状态，这是采取爆破治理措施的关键之处。如果积攒了足够多的形成雪崩的有利因素，不稳定的积雪深度足以产生大雪崩，这就需要及时地在形成区进行爆破，有效地诱发雪崩，避免雪崩灾害的发生。

北美公路雪崩治理中，炮击比人工手扔炸药得到更广泛的应用，因为那里存有大量过剩武器和弹药，可以不必考虑炸药费用因素。炸药普遍用于欧洲公路和欧美滑雪区雪崩治理。日本用炸药治理方法，但是仅仅限于药洞引爆。最近日本已经不再普遍采用炸药或炮击方法，因为这些年来，日本炸药运输、储存受到严格限制，还有出于环境和安全的考虑。

20世纪末，我国才开始把炸药应用于雪崩研究，并在天山西部成功地释放人工雪崩。但是我们应用时间还不长，缺乏足够的雪崩爆破知识，实践能力也很有限，有待于进一步的研究发现。

（1）炸药释放雪崩原理。

有人认为，爆炸引起雪崩的根本原因是由于爆炸产生的冲击引起以炸坑为中心向周围呈放射状的积雪断裂。断裂继续扩展，进入薄弱部位，最终引起整块雪板破碎。但是这种冲击只对脆性断裂有重要作用，对湿雪板就没什么影响。

（2）炸药爆破后的雪崩状况。

用爆破释放雪崩会出现三种情况：

炸药爆破以后，立即出现雪崩；

炸药爆破之后，雪崩不会立即出现，而是在几分钟甚至几小时以后才出现滞后雪崩，不过，这种现象比较罕见；

炸药爆破之后也许并不产生任何雪崩，这说明当时的山坡积雪并非特别危险。

（3）炸药选择有哪些要求。

炸药及其引爆系统应该安全、简单，在冬季的严寒条件下也能安全使用。

炸药不应受到水汽、严寒、霜冻和冬季其他环境因素等的不利影响。

可以偶尔出现拒爆或不爆。但是如果拒爆炸药在山坡遗失或暴露在外界，就会成为震动敏感物体，造成不必要的伤害。

炸药应该装在不会产生弹片的容器里，防止震动爆炸。

炸药

炸药在一般户外搬运条件下应当无毒。

炸药应有较高的密度，以缩小体积方便携带。

（4）药量确定。

通常，我们把1千克三硝甲苯药量称为标准药量。如果需要用到超过标准药量的炸药，应根据具体情况来定。其他爆燃压力等于三硝甲苯一半的炸药，则需要用双倍的量来达到标准药量的效果。炸药可以放在雪中、雪面和雪面上方，位置不同，效果也各不相同，要按爆燃压力来确定药量。

根据野外经验，以1千克为标准炸药影响范围的半径约为10米。但是通常的，爆炸都会引起更大的波及范围，10米被视为最小半径。如果是要触发宽阔、较稳定的整体雪板，每个1千克装的炸药之间间距则要大于20米。

（5）炸药投放位置。

要想获得爆破最佳效果，一定要选好炸药投放的靶区。炸药必须按照边界条件选择靶区，一般可以放在雪板边界范围之内，雪板边界包括其顶面和侧面，是由地形和吹雪堆积类型确定的。炸药还可放在悬崖地带、陡峭的窄谷、顶面以上的积雪区。也有人认为，可以利用炸药释放小雪板雪崩或松雪雪崩以触发大雪板雪崩。炸药还可以埋在雪中、放在雪面或挂在雪面以上的空中。如果是挂在雪面以上，则2米的空中爆破距离最有效。一般多采用雪面爆破，如果是雪檐则使用雪中释放。

（6）炸药的投放方式。

把炸药安全准确地投放到靶区是一个很关键的环节，在雪崩的研究和治理工作中还需要进一步的完善。

武器发射：在美国和瑞士一般采用武器发射的方式。利用大炮和火箭筒向雪崩靶区发射炮弹就是比较典型的炸药投放方式。

直升飞机投掷：这是最为快捷的一种投放方式。在一次飞行中能同时完成多个地区的雪崩作业，相对来说，费用也较低。但是雪崩的人工治理一般需要在降雪期间完成，而飞机的运行需要一个良好的飞行天气，由于受到天气条件的限

直升机投掷炸药

制，飞机不适宜用来人工治理雪崩。

缆道投掷：把炸药通过空中缆道扔向雪坡，缆道位置悬空在山坡上，避免受到气浪冲击或积雪的掩埋。采用这种缆道投掷方法最多的国家是德国。

夏季放置、冬季引爆：这是法国的一种传统的炸药投放方法。这种方法主要针对的是大炮射程够不到的，且在冬季积雪出现时会比较危险的地方，就在夏季提前将炸药放在专门的地点，到冬季需要时用无线电或者埋在地下的电路引爆。但是，这是一种危险且非法的做法，有时闪电也会造成炸药的爆炸，或者在冬季还未爆破之前发生泥石流或其他自然灾害，使得炸药不能完成它本应在冬天已预定好的使命。

手放和投掷炸药：如果是要人工爆炸释放雪檐积雪的

话，一般都采用在雪中埋藏炸药的方法。有时，将炸药放在公路上方短的雪崩坡或雪坡的底部释放山坡积雪。

滑雪区的雪崩形成区的地理条件比较容易到达，一般都是滑雪人员手工投掷炸药，然后迅速滑雪远离爆破地点。但是山坡和山顶并不都是一览无余的，站在山顶看不到陡坡以下足够远的地区，炸药也不容易投放到最佳爆破位置，或者根本不能看到最佳爆破位置，太远的话，又超出了投掷范围。所以手工投掷也并不是一个最为安全稳妥的办法。

（7）爆破小组的组成。

爆破小组是由一个爆破手和至少一个助手组成的。爆破工作需要专业的技术，良好的身体条件，相关人员必须经过良好的训练，具有专业的知识技能。准备和放置炸药两项工作是紧密联系的，爆破手需要检查全部工作环节。

（8）雪崩爆破注意事项。

雪崩人工释放是很危险的工作，需要在恶劣天气和地形条件下进行，所以，相关工作人员的安全保障是很重要的。在选择靶区位置的同时，也要考虑安全的投掷地点，提前安排好安全的行动路线。一般都是站在比较高的山脊、雪檐或陡崖上向下投掷炸药。释放雪崩之前，雪崩警戒人员应该确定雪崩路径以及雪崩可能堆积地方的所有人员全部撤离之后，才能释放雪崩。还需要严守雪崩路径进入地带，防止释放雪崩期间有人进入危险地区。山坡积雪在极不稳定期间，一处引爆雪崩，可能会同时引发其他地区的大范围雪崩，所以，一定要撤离有关地区的所有人员。

炸药是危险品，涉及法律问题，携带和使用炸药需要经过法律的批准和专门的培训。

目前，奥地利大型技术研究所已经研究出一种可以治理雪崩的全新技术，将大块并能通电振动的金属板装在容易触发雪崩的危险山坡。降雪期间，按时振动，随时释放小的无害雪崩，预防灾害雪崩的形成。这套系统最合理的应用是防护主要公路和铁路。

2. 大炮轰击法治理

1916年12月12日至26日期间，在奥地利和意大利的战场上，出现长时间的大范围持续降雪，随后爆发的雪崩损毁了所有营房，253名将士死亡。然后，双方均向对方山坡开火，以便诱发雪崩，攻击驻扎在山坡下部的敌军。将雪崩引入到战争之后，其杀伤能力远远大于单纯的军火伤亡。据统计，在当时的战场上，奥地利在48小时内死亡3000名士兵，意大利也遭受到同样的重创。从此，开始将雪崩引入到战场，同时也开创了使用武器释放雪崩的先例。

军用武器是将炸药（炮弹）发射到人不能到达、但能发现存在危险的雪坡靶区的理想装备。大炮发射炮弹快捷、易行，不受天气环境的影响。北美和欧洲成功地利用过时的枪炮治理许多危及公路和雪场的远距离雪崩路径。但是炮击治

大炮轰击

雪坡靶区

理雪崩也有很多的限制，如在地形崎岖的山区以及火力线上
存在建筑物和设施时，就不适宜使用炮击。此外，炮击方法
的效果还要取决于是否已查明山坡积雪的不稳定状况。而且

炮击的治理费用比较高。除了以上的工作难度、经费开支以外，还要考虑武器可靠程度、安全性能、哑弹处理、振动和弹片可能带来的危害等。

无论采用炮击，还是炸药处理，都得关闭道路，中断交通。

（五）生物治理雪崩

陡坡和深厚积雪是雪崩形成的必不可少的条件，但不是只要有了陡坡和深厚积雪就一定要暴发雪崩，这样的条件未必是充分的。

举例来说，新西兰具有陡峭的山坡，而且山坡上有堆积相当深的积雪，但是该国的这些地区雪崩很少发生，这主要是因为新西兰的大部分山坡覆盖有稠密的森林，雪被牢固地锚定，只有树线以上的高山地区才会产生积雪滑动的不稳定状态。所以说，森林对雪崩的防治有重要的意义。

雪崩生物治理指的是植树造林雪崩治理。在欧洲阿尔卑斯山脉的国家、日本和我国都普遍采取植树造林措施。

1. 森林对雪崩的防治意义

（1）形成区森林的作用。

雪崩形成区的浓密森林，能够有效地防止雪崩形成。森林地区很少产生大的、破坏性雪崩，主要是因为：

树干

第一，树干能够支撑和固定积雪，像一个天然的屏障，支撑山坡积雪、固定潜在雪板，从而防止积雪滑动、雪崩释放。

第二，雪崩形成区的森林能够抑制吹雪，而吹雪是形成大雪崩的重要因素。

第三，林冠拦截降雪，像一个过滤网，在地面形成稳定的积雪。

为了有效防止雪崩，林木不能太稀疏，必须是密实的林木群，才能达到防治雪崩的良好效果。

（2）运动区和堆积区森林的作用。

在雪崩路径的运动区和堆积区，虽然不能阻挡大雪崩前进，但是森林能帮助雪崩减速，甚至还能挡住不太严重的小雪崩，或改变其运动方向。

（3）森林雪崩作用差异。

树种和树龄也关系到森林防止雪崩的能力，如桦树、落叶松等树种，木质坚硬，根有韧性，能够有效地防止积雪滑动，老龄的大树也有这样的功效。而小树、细林，以及高密灌丛，表面看好像也有防止积雪滑动的现象，但实际上很容易被积雪压至地面，甚至被通过的大雪崩折断，拔起，卷走，造成更大的伤害。

密林上部最好不要存在开阔山坡，因为开阔山坡会给雪崩创造一个强大的下冲力道，使雪崩进入林区，不但毁坏森林，折断树枝，拔起树木，卷走灌丛，而且挟带着继续向下运动，造成更大的危害。稀疏林更是没有防御能力，轻易就

桦树林

会被雪崩穿过。所以有人认为，堆积区的森林不能完全保障相应地区安全。

2. 砍伐森林的后果

人们对森林防护作用的认识，经历了漫长的过程。早期定居山区的百姓，他们在居住地附近大肆地毁坏山林建立牧场求得生存，或砍伐树木用来加固房屋以防止雪崩的危害，却没有意识到这正是使自己直接遭受雪崩危害的重要原因。事实上，很多早期爆发的雪崩都和附近山区居民的广泛砍伐森林有关。防治雪崩的发生超出当时人们的知识范围和能力要求。

大多数雪崩都和森林砍伐有关。加拿大当年修筑铁路期间，为了获得原料和燃料，附近森林遭到严重破坏，导致每年都有雪崩灾害发生。更严重的是，由于雪崩灾害的频繁发生，新生的幼树遭到不断摧残，被雪崩席卷而下造成更大的雪崩灾害，同时森林再也没有复原机会，从未得到更新。后来，不得不花费大量人力、物力和财力来研究，如何使森林得到恢复，试图防止雪崩的频繁发生。

在欧洲，随着山区人口的增加，森林更多地遭到砍伐，以便获得更多的牧场和建筑材料、取暖燃料。于是，同样恶性循环再次发生。几个世纪以来，森林上限不断降低。高加索山脉下降达100～200米，阿尔卑斯山脉下降达200～300米。阿尔卑斯山脉有些地区森林面积减少了一半，甚至是全部毁灭。而雪崩和洪水面积增加了3～10倍。

我国建国初期，天山地区先后修筑了几条公路，公路修筑期间以及通车之后，公路沿线的森林都遭到不同程度的砍伐破坏，随后出现了森林砍伐引起的雪崩灾害问题。直到《森林法》颁布以后，上述问题才得到缓和。随着西部大开发和退耕还林政策的实施，山地森林也许能够得到有效的保护。

森林法

早在公元5世纪，法国巴根迪地区就通过了森林砍伐管理法，森林在雪崩防治方面的意义也得到确认。公元7世纪中叶，欧洲把护林工作更加提上日程，任命了第一批护林员做专门的森林防护工作；到公元14世纪，法国对砍伐森林会增加雪崩灾害有了充分的认识，并发表了评述砍伐森林引起严重后果的文章，颁布了禁止毁坏森林的公告。

3. 植树造林治理雪崩

在多雪地区，对森林的防护工作尤为重要。一定不能任意砍伐，否则，极易发生雪崩灾害。现在，有关国家已经越来越关心多雪山区的林地状况以及森林对雪崩的影响，在雪崩治理的方案中已经都增加了植树造林的项目。

1976年，瑞士把保护森林列入法律范畴，制定了联邦森林法，并提出了"任何防治雪崩工程不能没有造林"的口号。把保护和造林与采取不同的治理措施相结合，取得了很好的成效。

很多从事雪崩治理的国家越来越重视长远效益，不计成本地在形成区建筑可以用来植树造林的撑雪工程，因为这种工程不但可以有效地防止雪崩，还可以植树造林，增加林地，逐渐改善环境。

在若干年前，奥地利每年都会发生2700起左右的雪崩灾害，不少雪崩经常威胁居民地区，给人民生活带来很大困扰。其中，大多数的雪崩都发生在林线以下无林地区。意识到森林对雪崩的影响之后，奥地利政府逐渐增强植树造林的力度和范围，从而使雪崩得到了综合治理。在雪崩地区植树造林还有许多的问题需要注意，如树木的生长条件，树种的选择等等，使森林真正能够发挥防止雪崩的功用。

（1）保护幼苗。

刚种植的树苗，并没有抵御能力，小一点的雪崩足以将之连根拔起。所以，如何保护树苗安全长大是一个值得关注的问题。在这方面，各国都有自己的办法。日本利用早年为防治雪崩修筑的水平台阶植树造林，取得了很好的效果。西欧在山坡上筑墙防治雪崩，同时保护幼苗。等到树木成林的时候，其周围的老墙就可以废弃了，但是树林上方的老墙仍要维修、保留，以便保护下坡的森林。

植树造林的先决条件是采取措施防治雪崩，保护好树苗，让它们顺利成长。选择植树场地时，也要考虑供水和施肥问题。

（2）培育子苗。

为防治雪崩，植树造林的关键是首先要选择当地成活率高、生长快的树种，然后培育出优良子苗，移栽到事先选好的场地。这时，需要注意的是，要根据树种习性，将树苗栽在朝阳或背阴场地。如果在生长环境恶劣的情况下，要及时补栽不成活的树苗。

（3）树苗生长条件。

树木的成长需要深厚的土壤，土层太薄或大面积碎石和裸岩的地方都不适合树苗生长。林线以上的路径，或位于岩坡和岩石沟中的路径，这些地方也不适宜树木的成长，成林希望不大。同时，植树造林还受到海拔限制，林线以上地区不宜植树。阳坡、阴坡，以及土壤水分多寡，这都是影响树苗生长的重要因素。

（4）植树造林产生作用的周期。

雪崩地区的植树造林需要一个很长的周期，从树苗到长成大树一般需要几十年的时间。所以对树苗的保护措施至少也要25～50年。还有一些慢生树种，需要更久的保护，75～100年才能长成直径10～15厘米、高10米的小树。

雪暴防范百科

Xue·Bao·Fang·Fan·Bai·Ke

（5）植树造林经费开支。

植树造林基本建设的费用非常巨大，能够取得实际效果之前需要进行长期的投资，不只树苗、林地需要投资，还要防火和防止牲畜野兽啃食和践踏。

4. 我国雪崩地区森林状况和植树造林

天山有许多林场，是我国多雪林区之一。许多年前，这里就是一个主要的伐木基地。同时，当地山民迫于生活需要，也有不同程度的砍伐，这使得森林遭到很大破坏，林地覆盖率下降，有些砍光的山坡直接成为新的雪崩路径。国道312线、217线和218线路段沿线地区森林破坏严重，造成了很大的损失。

后来，随着有关部门的关注，天山地区开始植树造林，增加林地，恢复森林原貌。目前，最主要的工作是在苗圃培育松树幼苗，然后移栽到山坡和采伐迹地。这些树苗在精心地呵护下长势很好。现在准备把这种植树造林的办法逐渐向雪崩路径地区推广。为了配合雪崩治理工程，这些地方根据当地经验和实际情况更多地选择能够很快生长的榆树进行培育、移栽。

天山西部很多雪崩路径就在林区，两侧全是森林，土壤、温度都适宜树木生长，是最好的植树造林场所。也有些雪崩路径山坡陡峭，岩石堆积，树木不易成活，甚至有些高山冰雪带的雪崩路径，雪下幼树易被真菌感染。雪腐病影响幼树成活率，目前尚无办法防治。

（六）雪崩的吹雪工程治理

吹雪是很多地区雪崩断裂带雪体的主要来源，影响山顶和山脊的积雪形式，进而影响雪崩规模和频率。吹雪治理工程和撑雪工程不同，它只是撑雪工程的补充。吹雪工程通常建在吹雪通常堆积的地方，干扰风流、防止山脊和山岭、雪檐与大面积风压雪板形成。吹雪的治理效果在很大程度上受到地形和风况的影响。风向稳定地区，治理效果比较好。

1. 吹雪栅栏的特点

传统雪栅栏一般都有孔隙，能将吹雪拦在平坦山脊与和缓山坡，避免堆积在陡峭的雪崩形成区，或者显著地减小雪檐规模。雪栅栏的数量、尺寸、位置受到降雪量、风向、上风坡影响区长度、雪栅栏密度和一些地形特征的影响。

2. 雪障的不同类型

雪障能够防止雪檐形成或者减小它们的规模。通常有3种类型："直立板壁""控制坡台"和"喷气棚顶"。

（1）直立板壁型雪障。

直立板壁，长4米，高3米，实心或25%孔隙率，下部有1~1.5米高的空隙。一般形成雪檐的坡折地区，能够产生强烈涡旋。奥地利新近开发了一种全方位的铝制风障，作用类似于直立板壁。

（2）"控制坡台"型雪障。

"控制坡台"和下述"喷气棚顶"都属于坡形风障。这种"坡台"向背风坡上延、向迎风坡下倾，建在背风坡的狭窄山脊。吹雪在易于形成雪檐的山脊向上吹扬，并向背风坡下方更远地方堆积，使得积雪分布均衡。

（3）"喷气棚顶"型雪障。

"棚顶"向背风坡倾斜，影响山脊风流。棚顶倾角和背风坡相同，上沿的高度由棚顶坡度及其宽度确定。

人们都希望对雪崩工作的治理，最好能够"一劳永逸、长期奏效"。但是对待雪崩工作的治理一定要务实，不要盲目乐观，更不能存在侥幸心理，以免将来遭遇雪崩灾害的袭击。

雪崩治理工程建设应该进行广泛的调查和周密的设计，必须安全可靠，不够安全的设计，有时反而导致更加严重的灾害发生。另一方面，未经试验证实的雪崩治理方法，也很难得到人们的信任。

上面论述了各种各样的雪崩治理方法，在实践中，一条雪崩路径完全可以采用多种类型治理相结合的办法。比如，防止公路发生的大型雪崩，就可在形成区或附近建筑撑雪工程和风障、吹雪栅栏，一方面稳定山坡上部积雪，另一方面防止吹雪大量进入雪崩形成区和防止雪檐形成。不过，值得一提的是，大部分雪崩治理系统都包括植树造林项目。

各种治理措施都各有利弊，不能片面强调哪种措施最好。为了因地制宜地取得最佳效果，需要了解各种治理措施的功能、设计要求和配置原则。在实践应用中，知识和经验在雪崩治理中起到很重要的作用。治理措施确定之前，需要做好详细妥善的调查研究，制定相应的治理措施。

制定相应的治理措施，一般按照两个步骤进行：先确定何处产生雪崩；然后注雪崩发生区周围的地理环境和气候条件，对可能产生严重雪崩的每个地点进行详细调查。

（七）雪崩路径中的环境生态问题

关于雪崩路径中的环境生态问题，现在有以下几种看法：有人认为，雪崩治理工程对山地环境生态方面的影响是中性的；也有人认为，雪崩治理工程在雪崩路径森林部分或者全部恢复方面起着积极作用；还有一种看法认为，雪崩治理工程同样出现环境生态问题，有些负面影响甚至比较明显，从而引起有关方面关注。

1. 壮观的雪崩治理工程

1870～1970年，100年间，瑞士不断地修筑各种雪崩防御系统，包括建筑了185千米长的撑雪工程、418千米有石头挡墙的水平台阶、8373米防雪走廊，以及大量的导雪坝和阻雪系统。也就是说，瑞士山区1平方千米的土地面积上就有40米长的雪崩治理工程。1945～1965年，20年期间，奥地利建筑了41千米长的撑雪工程、22千米雪桥、几千座雪崩楔和十多座防雪走廊。在很多雪崩多发国家，许多山坡从上到下分布着密密麻麻的撑雪栅栏，颇为壮观。

我国在巩乃斯沟路段的12条雪崩路径中，建筑104道水平台阶，总长2.6千米，每平方千米土地上有3.3千米水平台阶。其中，有些山坡20%～25%面积覆盖此类工程。由此可见，这里水平台阶的密度之高、面积之大达到惊人程度。

2. 大炮和爆破治理雪崩对生态环境的影响

大炮轰击处理是目前最普遍使用的方法之一，不仅能够用来控制雪崩频率和规模，也能够检验积雪的稳定性，同时也是实验确定雪崩路径上限的可靠方法。在瑞士，每个冬天都会进行5000～10000次射击和爆破，美国比它多一倍。但是到现在为止，仍然没有专门的、满足雪崩治理和生态环境要求的大炮系统。

大炮的应用导致形成区的地表被破坏，进而造成土壤退化、细土和碎屑堆积、岩屑锥发育、爆破材料燃烧产物堆积等。还会导致风化作用发育，活化坡面过程。

有时雪崩治理的目的在于改变雪崩频率，但是，在这种情况下，爆破或炮击使得雪崩频繁发生，虽然体积不大，抛程很小，但会停在运动区。它们在此逐渐堆积，对随后的雪崩形成障碍。结果，使整个堆积区出现有利于森林逐渐恢复的条件。

3. 雪崩治理对环境的影响

（1）撑雪工程对生态环境的影响。

大部分的撑雪工程位于雪崩形成区，一方面起到缩小雪崩规模的作用，另一方面有助于堆积区森林自然和人工恢复。但是，撑雪工程中的水平台阶存在明显的环境生态问题，破坏山坡自然稳定性，在重力作用下山坡物质会产生块体运动和水土流失，严重情况下，会破坏山地植被。比如我国国道218线巩乃斯沟路段修筑水平台阶的雪崩路径，近1/4的植被遭到破坏，山地生态环境条件也出现恶化。

（2）阻雪工程对生态环境的影响。

阻雪工程也能够缩小雪崩综合体范围并且恢复堆积区中、下部森林的植被。

（3）导雪工程对生态环境的影响。

导雪工程仅仅部分地改变它在堆积区的形状，并不改变雪崩综合体的面积。这些工程的环境生态影响并不十分明朗。现在暂将其看成是中性的，但是在雪崩路径内的森林部分或全部恢复方面却起着积极作用。

4. 植树造林及其对生态环境的影响

森林具有稳固雪层和阻止雪层下滑等功能，能够有效地防止雪崩灾害的发生。人类经历了漫长的过程来认识这一功能。之前，人类大量砍伐和破坏森林用于建造牧区，现在，越来越多的人涌入山区休闲、旅游，建造"第二住宅"。总之，人类一直以各种方式加剧山地环境生态系统的负荷，大范围地减少森林资源。人为地破坏森林必然加剧雪崩作用，而雪崩作用加剧必然引起森林进一步被破坏。现在这个问题，已经得到了越来越多的关注，人类开始主动地植树造林及采取各种措施防止雪崩灾害的发生。一方面在雪崩地区大面积植树造林，另一方面开始治理雪崩，许多建成后的雪崩治理工程，保护自然恢复和人工种植的树木免遭雪崩破坏，使其茁壮成长。尽量将被人类破坏的山地森林和雪崩自然综合体之间的关系恢复到原有水平。